Jürgen Klinger
Ladeinfrastruktur für Elektromobilität im privaten und halböffentlichen Bereich

Jürgen Klinger

Ladeinfrastruktur

für Elektromobilität im privaten und halböffentlichen Bereich

Auswahl • Planung • Installation

3., überarbeitete und erweiterte Auflage

VDE VERLAG GMBH

ICS 43.120; 43.040; 91.140

Bibliografische Information der Deutschen Nationalbibliothek
Die Deutsche Nationalbibliothek verzeichnet diese Publikation in der Deutschen Nationalbibliografie; detaillierte bibliografische Daten sind im Internet über http://dnb.dnb.de abrufbar.

ISBN 978-3-8007-5746-6 (Buch)
ISBN 978-3-8007-5747-3 (E-Book)

Titelbild: nerthuz / fotolia

Satz: Text- und Software-Service Manuela Treindl, Fürth
Druck: Elanders GmbH, Waiblingen
Printed in Germany 2022-04

Vorwort

Als ehemaliger Berater für den Einsatz erneuerbarer und alternativer Energien wurde ich während meiner beruflichen Tätigkeit immer häufiger mit den Themen Ladestationen, Nutzung der erneuerbaren Energie bei der Aufladung von Elektrofahrzeugen, Ladeinfrastruktur, der passenden Auswahl und deren Funktionen konfrontiert. Häufig wurde nur der Wunsch nach einer Ladestation für ein Elektrofahrzeug, das aufgeladen werden soll, formuliert. Was kann ich anbieten oder empfehlen? Natürlich gibt es viele Publikationen zum Thema Elektromobilität, Fahrzeugentwicklung und der sogenannten Akkureichweite sowie der vielen unterschiedlichen Lademöglichkeiten.

Die Vielfalt der verschiedenen Ladesysteme, die unterschiedlichen Anschlussvarianten an den Fahrzeugen und den Ladestationen sowie die verschiedenen Leistungsvarianten der Fahrzeughersteller können in der Praxis schon für Verwirrung sorgen.

Dieses Buch soll keine anderen Bücher ersetzen, es soll vielmehr dem Elektrofachmann eine zusammenfassende Orientierung bei der Auswahl des richtigen Ladepunktes bzw. der Ladestation und der Installation dieser Komponenten geben. Denn nicht nur die Auswahl der Komponenten ist wichtig, wenn die Ladeinfrastruktur funktionieren soll. Es gehören natürlich auch die Netze der Versorger dazu, um eine Netzüberlastung zu vermeiden. Je mehr Elektrofahrzeuge hinzukommen, umso wichtiger wird die richtige und zukunftsorientierte Anbindung, und das fängt bereits im privaten Bereich an.

Dieses Buch soll, unter Berücksichtigung der gegenwärtigen und zukünftigen Ladeinfrastruktur, als Leitfaden für die Umsetzung im privaten und halböffentlichen Bereich dienen.

Neben den Darstellungen von heute lieferbaren Komponenten werden die wichtigen Parameter bei der aufzubauenden Ladeinfrastruktur und die Einbindung in die erneuerbare Energie in Betracht gezogen.

Bei aller Technik darf der betriebswirtschaftliche Aspekt nicht fehlen. Mein Dank gilt meinem Schwager *Jan-H. Marten*, der für dieses Buch eine Zusammenfassung zum Thema „Elektromobilität im Steuerrecht" (siehe Kapitel 7) geschrieben hat.

Nicht zuletzt geht mein Dank an meine Tochter *Nicole*, die mich bei der Korrektur unterstützt hat, sowie an meine Frau, die mir bei meiner Arbeit stets zur Seite steht.

Eckernförde, im Februar 2022 *Jürgen Klinger*

Nachsatz zur 3. Auflage

Ich möchte hier auch wieder kurz auf einen erkennbaren Trend in Bezug auf die Fahrzeuge und die Ladestationen eingehen. Lag zur Zeit der 1. Auflage dieses Buches immer noch der Schwerpunkt bei den unterschiedlichen Größen der Ladestationen und deren Zubehör, so sind es heute offensichtlich der Preis und die Förderung der Ladestationen, die eine größere Rolle zu spielen scheinen.

Der Fahrzeugnutzer möchte für sein neues Elektrofahrzeug am liebsten ein komplettes Paket vom Fahrzeugverkäufer erwerben. Zuhause soll nur der Stecker in die Anschlussdose gesteckt werden, damit der Fahrzeugakku schnell wieder aufgeladen wird. Dass die Schukosteckdose nicht die volle Leistung übertragen kann, wird von Seiten der Verkäufer aber selten mit erwähnt.

Die Fahrzeughersteller haben reagiert und bieten fertige Ladeeinrichtungen an. Viele dieser Stationen werden steckerfertig angeboten, oftmals jedoch ohne Hinweise zu den deutschen Vorschriften des Versorgungsnetzbetreibers und den einschlägigen VDE-Vorschriften.

Solange heute einzelne Ladepunkte gesetzt werden und noch Kapazitäten vorhanden sind, ist noch viel möglich. Wird aber eine Vernetzung aufgrund der geringer werdenden Gesamtleistung erforderlich, bleibt die Stecker-Variante auf der Strecke. Die zusätzlichen Anforderungen durch eine geforderte Vernetzung werden sich in den nächsten Jahren bei vielen Versorgungsnetzbetreibern durchsetzen. Grundsätzlich gilt, je größer der Anteil der Elektrofahrzeuge, umso wichtiger wird das Lastmanagement.

So findet man bei vielen Fahrzeugherstellern die Anmerkung, dass die Leistung der Ladestation, auch bei einem einphasigen Netz, nach Rücksprache mit dem Versorger einfach angehoben werden kann. Des Weiteren ist zu erkennen, dass immer mehr Fahrzeuge optional für die Wechselstromladung und die Gleichstromladung geeignet sind [1].

Die meisten Fahrzeuge laden einphasig, ein weiterer Anteil dreiphasig mit 11 kW und ein kleiner Teil ist nur für 22 kW geeignet. Dabei ist zu bemerken, dass der Anteil der förderfähigen Fahrzeuge immer weiter wächst. Durch die größeren Akkumulatoren ist auch eine positive Veränderung bei den Reichweiten zu erkennen. Auch die Neuzulassungen von Elektrofahrzeugen als reines Elektrofahrzeug und als Plug-In-Hybrid-Fahrzeugen lassen ein deutliches Wachstum erkennen.

Neben den Förderungen vom Bund sollten Sie auch die Zuschüsse oder die entsprechenden Vergünstigungen in den einzelnen Bundesländern beachten.

Allerdings verändern sich zur Zeit die länderspezifischen Förderungen laufend, deshalb sind sie in diesem Buch nicht detailliert aufgeführt. Bitte informieren Sie sich zu den aktuellen Zuschüssen in Ihrem Bundesland. Sie finden z. B. unter dem Link https://VBU-Berater.de/aktuelles/forderung-der-ladeinfrastruktur-in-den-bundeslandern-stand-19-03-2021 eine Übersicht dazu. Beachten Sie ein eventuelles Kumulierungsverbot mit anderen Förderungen, z. B. der KfW-Förderung.

Wichtige überarbeitete Abschnitte in der Neuauflage dieses Buches sind die Auszüge aus dem Förderprogramm für Elektrofahrzeuge (Abschnitt 1.2.1) und Ladeinfrastruktur (Abschnitt 1.2.2). Die KfW-Förderung Ladestationen für Wohngebäude (Abschnitt 1.2.3) ist zum Zeitpunkt der Drucklegung dieses Buches nicht mehr möglich. Neu ist die KfW-Förderung mit der Programmnummer 441 für die Ladeinfrastruktur bei Gewerbetreibenden (für Firmen- und Mitarbeiterfahrzeuge). Beachtet werden sollte auch das eichrechtskonforme Laden im privaten oder halböffentlichen Bereich (Kapitel 6).

Das Wohnungseigentumsmodernisierungsgesetz (WEMoG) soll den Ausbau u. a. der Ladeinfrastruktur für Mieter und Wohnungsinhaber einfacher gestalten (Abschnitt 3.6). Und das neue Gebäude-Elektromobilitätsinfrastruktur-Gesetz (GEIG, Abschnitt 3.7) ist geschaffen worden, um vom Gesetzgeber vorgegebene Vorbereitungen für die Elektromobilität im Neubau und Bestand einfacher realisieren zu können. Und: Eine Möglichkeit der Orientierung über die aktuelle Entwicklung der Elektromobilität zeigt der Masterplan Ladeinfrastruktur der Bundesregierung (Anhang A9) auf.

Dazu kommt gerade jetzt, Anfang des Jahres 2022, der enorme Energiepreisanstieg für Gas, Öl und Strom im Haushalt, Gewerbe und bei der Mobilität. Lohnt es sich überhaupt bei diesen Preisen, ein Elektrofahrzeug oder ein Hybridfahrzeug zu fahren?

Ein einfaches Beispiel aus der Praxis soll den Unterschied zwischen den Energiekosten für benzinbetriebene Fahrzeuge und elektrisch betriebene Fahrzeuge aufzeigen:

In diesem Beispiel möchte ich eine Fahrstrecke von 30 km annehmen, z. B. Fahrten zur Arbeitsstätte, Schule, Kindergarten etc. und eventuell noch das Einkaufen. Würde ich ein Fahrzeug mit Verbrennungsmotor (z. B. Benzin) nehmen, dann muss ich von einem Brennstoffpreis von ca. 1,70 Euro für einen Liter Super E10 rechnen (Stand 29.01.2022, Durchschnitt Tankstellenpreise Eckernförde). Gehen wir von einem Verbrauch von ca. 6 Litern Benzin auf 100 km aus, benötigen wir für 30 km Fahrstrecke ca. 1,8 Liter, bei dem oben angenommenen Benzinpreis ergeben sich Kosten von ca. 3,06 Euro für diese Fahrstrecke.

Die gleiche Fahrstrecke mit einem Elektrofahrzeug (angenommener Durchschnittsverbrauch ca. 15 kWh auf 100 km Fahrstrecke) ergibt 4,5 kWh. Bei einem Strompreis von ca. 40 Ct/kWh in der Grundversorgung hätten wir Kosten von 1,80 Euro für die gleiche Fahrstrecke.

Bei den heutigen Energiepreisen würden die Fahrkosten mit Strom ca. 40 % geringer sein als mit Benzin.

Man könnte jetzt verschiedene Gegenargumente aufführen, z. B. hohe Energiepreise an öffentlichen Schnellladestationen oder lange Ladezeiten, auf der anderen Seite sollte aber darüber nachgedacht werden, wie viele Kilometer wirklich täglich gefahren werden. Wer jetzt noch eine Photovoltaikanlage hat, wird schnell erkennen, wie die Kosten, gerade bei relativ kurzen Fahrstrecken, reduziert werden können.

Inhaltsverzeichnis

1 Ladeinfrastruktur in Deutschland

1.1 Entwicklung der Elektromobilität

Die Erfindung des Elektromotors liegt schon lange zurück. Seitdem wurden Elektromotoren für alle erdenklichen Antriebe eingesetzt. Dies soll jedoch in diesem Buch nicht im Fokus stehen, vielmehr geht es hier um die elektrisch angetriebenen Fahrzeuge. Da die Elektromotoren sehr leistungsstark waren, entwickelte sich schon vor über 100 Jahren die Idee, auch Personenkraftwagen und leichte Lastkraftwagen elektrisch anzutreiben. Und so gab es bereits damals Elektrofahrzeuge für den Straßenverkehr.

Mittlerweile kennt jeder Mensch Schienenfahrzeuge wie Straßenbahnen, U- und S-Bahnen und Elektro-Lokomotiven. Doch betrachten wir mehr die mobilen Fahrzeuge, die flexibel sind und mit einer Batterie arbeiten. Die Energie für diese mobilen Fahrzeuge bereitzustellen, war mit den bereits damals – vor 100 Jahren – bekannten Bleiakkumulatoren möglich. Das Aufladen dieser Akkumulatoren erforderte allerdings mehr Aufwand als heute. Große Quecksilberdampfgleichrichter sorgten für die Umwandlung der Energie von Wechsel- in Gleichstrom. Heute befinden sich dagegen die Ladegeräte mit dem Gleichrichter innerhalb des Elektrofahrzeuges, d. h., man braucht nur noch einen Wechselstromanschluss oder – bei der direkten Gleichstromladung – ein in die Ladestation eingebautes Ladegerät. Die zurückgelegte Wegstrecke war damals aufgrund des Gewichtes der Batterie und der Batteriekapazität eher gering. Daher setzten sich letztendlich die Verbrennungsmotoren durch, die aufgrund der Elektromotoren (als Anlasser) nicht mehr von Hand angekurbelt werden mussten, sondern elektrisch gestartet werden konnten.

Ein Auszug aus dem 1912 im Merkur Verlag erschienenen Buch *„Wunder der Elektrizität"* von *Theodor Rulemann* (siehe Anhang A7) zeigt, dass die Problemstellungen heute und vor 100 Jahren identisch sind. Reichweiten, Straßenverhältnisse und Fahrzeuggeschwindigkeiten sind nach wie vor ein Thema. Früher sprach man über den Lärm und den Geruch, heute reden wir über die Umweltbelastung durch Fahrzeuge mit Verbrennungsmotor. Aktuell gibt es ja die Diskussion zur Belastung der Menschen durch Stickoxyde und die daraus resultierenden Fahrverbote für bestimmte Dieselfahrzeuge.

Entwicklung der letzten Jahre

Die Entwicklung der Fahrzeugtechnik schritt weltweit voran und wurde nicht zuletzt durch die große Umweltbelastung, die bei der Verbrennung des Treibstoffs im Motor entsteht, immer weiter vorangetrieben. Faktoren, wie

- das Wachstum der Weltbevölkerung,
- die zunehmende Mobilität des Einzelnen,
- der alltägliche Luxus, wie der tägliche Bedarf, der jeden Tag im Supermarkt vorrätig sein soll,
- der Arbeitsplatz weit entfernt vom Wohnort und letztendlich
- der Treibstoff, der nicht endlos zur Verfügung steht oder zu wertvoll zum Verbrennen ist,

sollten uns zum Umdenken zwingen.

Zu den reinen Elektrofahrzeugen gesellten sich die Hybridfahrzeuge, die die Batterien für kurze Fahrtstrecken immer wieder nachladen können und ein abgasloses Fahren in den Städten zulassen.

Elektromotorisch angetriebene Fahrräder sorgen für eine zusätzliche Freiheit. Besonders die Menschen, die in hügeligen oder windstarken Gebieten leben, profitieren davon. Dazu kommen Motorroller (Elektroscooter) und Fahrzeuge für Menschen mit einer Gehbehinderung. In Dänemark werden Fahrzeuge mit einem Lastenseitenwagen innerstädtisch von den Zustelldiensten für die Briefpost und Pakete genutzt. In Deutschland werden noch die Streetscooter von der Deutschen Post eingesetzt (laut Pressemitteilung der Deutschen Presse Agentur vom 29.02.2020 wurde die Produktion des Streetscooters 2020 eingestellt).

Im September 2017 lief in Hamburg eine Testphase im öffentlichen Nahverkehr [2]. Seit 2019 fahren die ersten 30 Elektrobusse der Hochbahn durch Hamburg. Es sind zum einen Hybridfahrzeuge im Einsatz und zum anderen zukünftig auch Wasserstofffahrzeuge eingeplant [3]. Diese Fahrzeuge sollen in die Fahrzeugflotte integriert werden, sodass ab 2030 der gesamte öffentliche Busverkehr in Hamburg auf Elektromobilität umgestellt sein könnte. Auch in Berlin wächst der Anteil der Elektrobusse, laut Presseberichten sollen bis zum Jahr 2022 bei der BVG 228 Fahrzeuge im Einsatz sein, der Berliner Senat hat Finanzmittel für 90 Elektrobusse freigegeben [4]. Electrive.net berichtete im Oktober 2020 ergänzend, dass bis zum Jahresende 2020 137 Elektrobusse auf der Straße sein sollen [5]. Weltweit geht man im öffentlichen Personennahverkehr von 400 000 Fahrzeugen aus, davon der größte Anteil in China (99 % aller E-Busse) [6]. Bis 2040 steigt lt. Prognose von Electric Vehicle Outlook 2020 der Anteil auf 67 % [7].

Einen ebenfalls merklichen Zuwachs – im Verhältnis zu den geringen Steigerungsraten der letzten Jahre – verzeichnen die elektrischen Nutzfahrzeuge (NFZ). Auch hier liegen die Reichweiten bei Fahrstrecken bis zu 200 km. Das Angebot reicht vom kleinsten Nutzfahrzeug für besondere Transporte oder die innerstädtischen kommunalen Belange bis hin zum Paketdienst oder Handwerkerfahrzeug.

1.2 Staatliche Förderung der Elektromobilität

1.2.1 BAFA-Förderung umweltfreundlicher Fahrzeuge

Damit das gesteckte Ziel der Bundesregierung, die Zahl der Elektrofahrzeuge auf den Straßen signifikant zu erhöhen, erreicht wird, gibt es eine Förderung (Kaufprämie) vom *Bundesamt für Wirtschaft und Ausfuhrkontrolle* (BAFA). Die Förderung ist ein sogenannter Umweltbonus, der vom Bund und von den teilnehmenden Fahrzeugherstellern ausgezahlt wird. Der Zweck ist eine schnellere Verbreitung der elektrisch angetriebenen Fahrzeuge. Diese Förderung gilt für Privatpersonen, Firmen, Stiftungen, Körperschaften und Vereine, nicht jedoch für den Bund und Einrichtungen der Bundesländer und Kommunen sowie für die Fahrzeughersteller und deren Tochtergesellschaften, die sich an der Förderung beteiligen.

Gefördert werden reine Batteriefahrzeuge, von außen aufladbare Plug-in-Hybrid-Fahrzeuge sowie Brennstoffzellenfahrzeuge. Der Nettolistenpreis des Basismodells darf 65 000 Euro nicht überschreiten. Von außen aufladbare Hybridelektrofahrzeuge dürfen maximale CO_2-Emissionen von 50 Gramm pro gefahrenem Kilometer nicht überschreiten und müssen mindestens 40 km (bei einer Anschaffung bis 31.12.2021) elektrisch zurücklegen können. Bei einer Anschaffung nach dem 31.12.2021 und vor dem 01.01.2025 beträgt die Mindestreichweite 60 km und ab 01.01.2025 80 km.

Fördersätze [8]

Folgende Fahrzeuge profitieren, auch rückwirkend, von der Innovationsprämie:

- Neuwagen, die nach dem 03.06.2020 zugelassen wurden,
- Gebrauchtwagen, die erstmalig nach dem 04.11.2019 oder später zugelassen wurden und deren Zweitzulassung nach dem 03.06.2020 erfolgt ist.

Für junge gebrauchte Elektrofahrzeuge gilt die Tabelle mit den Nettolistenpreisen über 40 000 Euro, auch wenn der ursprüngliche Kaufpreis geringer war.

Fördersätze für Elektrofahrzeuge, Listenpreis unter 40000 Euro

	Bundesanteil	Herstelleranteil	Kaufprämie
Batterieelektro- oder Brennstoffzellenfahrzeug	6000 Euro	3000 Euro	9000 Euro
Von außen aufladbares Hybridelektrofahrzeug	4500 Euro	2250 Euro	6750 Euro

Fördersätze für Elektrofahrzeuge, Listenpreis über 40000 Euro

	Bundesanteil	Herstelleranteil	Kaufprämie
Batterieelektro- oder Brennstoffzellenfahrzeug	5000 Euro	2500 Euro	7500 Euro
Von außen aufladbares Hybridelektrofahrzeug	3750 Euro	1875 Euro	5625 Euro

Gefördert wird der Erwerb (Kauf oder Leasing) eines neuen, erstmals zugelassenen, elektrisch betriebenen Fahrzeuges gemäß § 2 des Elektromobilitätsgesetzes sowie eines Elektrofahrzeuges bei der 2. Zulassung im Inland.

Zudem ist der Erwerb eines akustischen Warnsystems (AVAS) förderfähig, welches vom Hersteller oder einer autorisierten Werkstatt in ein nach dieser Richtlinie zu förderndes Fahrzeug eingebaut wurde. AVAS (Acoustic Vehicle Alerting System) dient der Sicherheit für Fußgänger oder Fahrradfahrer, weil Elektrofahrzeuge bei geringen Geschwindigkeiten sehr leise und nur schwer wahrnehmbar sind. Es handelt sich um eine akustische Zusatzeinrichtung. Diese Zusatzeinrichtung wird einmalig pro Fahrzeug mit 100 Euro bezuschusst.

Fördervoraussetzungen für Neufahrzeuge

- Das Fahrzeug muss zur Liste der förderfähigen Fahrzeuge gehören.
- Seit dem 19.08.2020 ist eine Antragstellung nur noch für Fahrzeuge mit einer Erstzulassung nach dem 04.11.2019 möglich.
- Für Fahrzeuge, die nach dem 04.11.2019 erstzugelassen worden sind, muss die Antragstellung spätestens ein Jahr nach der Zulassung auf die Antragstellerin/Antragsteller erfolgen.
- Das Fahrzeug muss im Inland auf den Antragsteller erstzugelassen werden und mindestens sechs Monate zugelassen bleiben.
- Der Erwerb oder das Leasing eines nach dieser Richtlinie geförderten Fahrzeugs darf u. U. zugleich mit anderen öffentlichen Mitteln gefördert werden.
- Neufahrzeuge, die nach dem 03.06.2020 und bis zum 31.12.2021 erstmalig zugelassen und beantragt werden, können eine Innovationsprämie erhalten, bei der der Bundesanteil am Umweltbonus verdoppelt wird.

Fördersätze für junge gebrauchte Elektrofahrzeuge mit einem Nettolistenpreis für das Basismodell in Deutschland von über 40 000 Euro bis maximal 65 000 Euro

	Bundesanteil	Herstelleranteil	Kaufprämie
Batterieelektro- oder Brennstoffzellenfahrzeug	5 000 Euro	2 500 Euro	7 500 Euro
Von außen aufladbares Hybridelektrofahrzeug	3 750 Euro	1 850 Euro	5 625 Euro

Fördervoraussetzungen für junge Gebrauchtfahrzeuge, Unterschiede zur Neuwagenförderung:

- Wie auch bei den Neuwagen muss das Fahrzeug zur Liste der förderfähigen Fahrzeuge gehören.
- Die Erstzulassung muss nach dem 04.11.2019 erfolgt sein. Die Erstzulassung kann auch in einem anderen EU-Staat erfolgt sein.
- Das junge gebrauchte Fahrzeug darf maximal 12 Monate erstzugelassen sein und darf eine maximale Laufleistung von 15 000 Kilometer aufweisen.
- Der maximale förderfähige Bruttogesamtfahrzeugpreis für Gebrauchtfahrzeuge beträgt wegen des typischen Wertverlustes auf dem Wiederverkaufsmarkt 80 % des Listenpreises des Neufahrzeuges (brutto inkl. Sonderausstattung), davon ist der Bruttoherstelleranteil noch abzuziehen. Übersteigt der Kaufpreis des Gebrauchtfahrzeuges den maximalen förderfähigen Bruttogesamtfahrzeugpreis, ist die Förderung ausgeschlossen.
- Für Fahrzeuge, die nach dem 04.11.2019 erstzugelassen worden sind, muss die Antragstellung spätestens ein Jahr nach der Zulassung auf die Antragstellerin/Antragsteller erfolgen.
- Das Fahrzeug muss im Inland auf den Antragsteller zugelassen werden und mindestens sechs Monate zugelassen bleiben.
- Das junge gebrauchte Fahrzeug kann mit der Innovationsprämie (Verdoppelung des Bundesanteils) bezuschusst werden, wenn die Erstzulassung nach dem 04.11.2019 und die Zweitzulassung nach dem 03.06.2020 und bis zum 31.12.2021 erfolgt und beantragt wurde.
- Der Erwerb oder das Leasing eines nach dieser Richtlinie geförderten Fahrzeugs darf u. U. zugleich mit anderen öffentlichen Mitteln gefördert werden.

Antragsberechtigt sind Privatpersonen, Unternehmen, Stiftungen, Körperschaften und Vereine, auf die ein Fahrzeug gemäß dieser Richtlinie als Käufer oder Leasingnehmer zugelassen wird.

Als nicht antragsberechtigte Kommunen gelten Städte, Gemeinden (Gemeindeverbände) und Landkreise, also kommunale Eigenbetriebe ohne Rechtspersönlichkeit.

Näheres findet sich im Merkblatt für Anträge nach der Richtlinie zur Förderung des Absatzes von elektrisch betriebenen Fahrzeugen (Umweltbonus) vom 21.10.2020.

Hinweis der BAFA:

Seit dem 01.09.2020 gibt es zwei Innovationen beim Verfahren für die E-Auto-Prämie: das neue Sammelantragsverfahren und der automatische Datenaustausch zwischen dem Kraftfahrtbundesamt (KBA) und dem Bundesamt für Wirtschaft und Ausfuhrkontrolle (BAFA). Dank der neuen digitalen Schnittstelle mit dem Kraftfahrtbundesamt müssen Sie nur die Fahrzeugidentifikationsnummer eingeben und dem Datenaustausch zustimmen. Nachdem Sie Ihren Antrag abgeschickt haben, werden automatisch die Daten, wie beispielsweise Hersteller, Modell und Halterhistorie, beim KBA abgerufen. Auch der Fahrzeugbrief muss nicht mehr hochgeladen werden, da die Daten bereits dem KBA vorliegen. [...] Einreichen von Dokumenten: Über das Nachweisportal können Sie fehlende Unterlagen zu Ihrem Antrag elektronisch und unkompliziert einreichen. Bitte achten Sie darauf, dass Sie das richtige Nachweisportal auswählen. Es ist nicht möglich, Dokumente per E-Mail einzureichen. [...] [9]

Ausführliche Informationen und ggf. die Antragsformulare finden sich auf der Internetseite der BAFA unter *Energie → Elektromobilität* (Umweltbonus).

Die Förderung der Elektromobilität, speziell bei den Fahrzeugen, sorgt für eine schnellere Etablierung der Elektrofahrzeuge. Der anfangs erhöhte Mehrpreis relativiert sich durch die staatliche Förderung. Die Akkumulatoren sorgen heute für größere Reichweiten. Die staatliche Förderung wirkt sich auch auf den Gebrauchtfahrzeugmarkt begünstigend aus.

1.2.2 Das Bundesförderprogramm für die Ladeinfrastruktur

Seit Juni 2015 wird im Rahmen der „Förderrichtlinie Elektromobilität" der Aufbau benötigter Ladepunkte für geförderte Fahrzeuge (kommunal, gewerblich, Handwerk und mittelständische Unternehmen) unterstützt. Diese Förderung läuft noch bis zum 31.12.2025.

Seit der Verlängerung der Förderrichtlinie 2017 sind bis 2020 bei 6 Förderaufrufen deutlich mehr als 7000 Anträge eingegangen.

Am 22.07.2020 endete der 6. Förderaufruf. Bis Ende 2020 standen 300 Mio. Euro Fördermittel für den Aufbau von über 30000 öffentlich zugänglichen Ladepunkten zur Verfügung. Rund 12000 Ladepunkte sind davon in Betrieb.

Im Bundesanzeiger wurde am 21.07.2021 vom Bundesministerium für Verkehr und digitale Infrastruktur die Bekanntmachung über die Förderrichtlinie für „Öffentlich zugängliche Ladeinfrastruktur für Elektrofahrzeuge in Deutschland" vom 13.07.2021 bekannt gegeben.

Mit dem im Herbst 2019 verlautbarten Klimaschutzprogramm wurde das Ziel formuliert und bekräftigt, bis zum Jahr 2030 eine Million Ladepunkte zu realisieren.

Mit den zur Verfügung stehenden Mitteln des BMVI in Höhe von 500 Millionen Euro sollen bis Ende 2025 mindestens 50 000 Ladepunkte errichtet werden. Davon ein Mindestanteil von 20 000 als Schnellladepunkt.

Gefördert wird, neben den Ladepunkten, der Anschluss an das Nieder- oder Mittelspannungsnetz sowie der Netzanschluss und ein für die Ladeinfrastruktur benötigter Pufferspeicher. Das Gesamtvolumen von 500 Millionen Euro wird über die gesamte Förderperiode aufgeteilt. Der Förderzeitraum gilt von Februar bis April und die Antragsfrist beträgt 3 Monate.

Die Förderrichtlinie wird über den Zeitraum der Gültigkeit degressiv gestaltet, d. h., es erfolgt bei jedem Förderaufruf eine Absenkung der maximalen Förderbeträge.

Neben der Förderung von Neuanlagen gibt es auch den Förderaufruf für die Modernisierung von vorhandener Ladeinfrastruktur.

Der erste Förderaufruf vom 17.08.2021 „für Neuerrichtung" hatte die Frist 31.08.2021 bis zum 18.01.2022 und der zweite Aufruf vom 18.08.2021 „für Modernisierung" den 9.09.2021 bis zum 27.01.2022.

Die technischen Mindestanforderungen sind in der LSV (Ladesäulenverordnung) in der jeweils aktuellen Fassung vorgegeben. Die Ladepunkt-Kategorien zeigt Tabelle 1.1.

Tabelle 1.1 Ladepunktkategorien mit Leistungsklasse

Ladepunkt-Kategorie		Leistungsklasse
NLP	Normalladepunkt	≥ 3,7 kW und ≤ 22 kW
SLP 1	Schnellladepunkt	> 22 kW und < 100 kW
SLP 2	Schnellladepunkt	> 100 kW

Der genaue Text der Förderung ist auf der Internetseite der Bundesanstalt für Verwaltungsdienstleistungen (www.bav.bund.de) zu finden. Dort stehen die Begriffsbestimmungen und die Historie der Förderrichtlinien von 2017 bis 2025.

Durch die staatliche Förderung der Ladeinfrastruktur, auch für Schnellladpunkte, steigt der Anteil der Ladestationen im öffentlichen Bereich weiter an. Gerade bei weiten Strecken, die zurückgelegt werden müssen, bietet sich so ein schnellladefähiges Netz an, um die Ladezeiten deutlich zu verkürzen.

1.2.3 KfW-Förderung (KfW-Zuschuss 440) für Ladestationen, für private Wohngebäude und Stellplätze

Seit dem 24.11.2020 konnte bei der KfW-Bank eine Förderung privater Ladestationen beantragt werden. Im Oktober 2021 wurde die Förderung eingestellt, da der Fördertopf ausgeschöpft war. Ob die neue Bundesregierung die Förderung verlängert, ist zum Zeitpunkt der Drucklegung dieses Buches noch nicht zu erkennen.

Aufgrund der Ist-Situation und der möglichen Weiterführung der Förderung sind die Förderrichtlinien hier (in kursiv) noch abgedruckt.

Förderbedingungen

- *Förderfähig sind Ladestationen an Stellplätzen oder Garagen, die zu Wohngebäuden gehören und nur privat zugänglich sind.*
- *Gefördert wird der Kaufpreis einer neuen Ladestation mit 11 kW Ladeleistung und intelligenter Steuerung, d. h., größere Ladestationen müssen vom Elektrobetrieb in der Leistung auf 11 kW begrenzt werden.*
- *Die Ladestation soll mit anderen Komponenten kommunizieren können und ggf. die Ladeleistung reduzieren oder zeitlich steuern können.*
- *Gefördert werden die Kosten der Ladestation einschließlich der Installationsarbeiten.*
- *Gefördert werden private Eigentümer, Wohnungseigentümergemeinschaften, Mieter (einer mit Zustimmung des Vermieters auf eigene Kosten installierten Ladestation) und Vermieter (Privatpersonen, Unternehmen, Wohnungsgenossenschaften).*
- *Voraussetzung für die Förderung ist die ausschließliche Nutzung von Strom aus erneuerbarer Energie, zum Beispiel aus der eigenen Photovoltaik-Anlage oder über den Energieversorger.*
- *Öffentlich zugängliche Ladestationen werden nicht gefördert.*

Seit November 2020 steht auf der Homepage der KfW-Bank eine Liste mit förderfähigen Ladestationen.

Konditionen, Zuschusshöhe und Auszahlung

- *Es gibt einen pauschalen Zuschuss von 900 Euro pro Ladepunkt, die Anzahl der Ladepunkte muss im Förderantrag angegeben werden.*
- *Die Gesamtkosten für einen Ladepunkt müssen mindestens 900 Euro betragen, sonst kann kein Zuschuss beantragt werden.*

- *Wenn die Ladestation mehrere Ladepunkte hat, werden pro Ladepunkt 900 Euro bezuschusst, vorausgesetzt, die Gesamtkosten liegen bei mind. 900 Euro je Ladepunkt (die Ladepunkte müssen aber unabhängig voneinander nutzbar sein).*

Tabelle 1.2 Zuschuss laut Förderprogramm

Anzahl Ladepunkte	Schwellenwert	Gesamtkosten	Gesamtzuschuss
1	900 Euro	z. B. 700 Euro	0
1	900 Euro	mind. 900 Euro	900 Euro
2	1 800 Euro	z. B. 1 500 Euro	900 Euro
2	1 800 Euro	mind. 1 800 Euro	1 800 Euro
3	2 700 Euro	z. B. 2 100 Euro	1 800 Euro
3	2 700 Euro	mind. 2 700 Euro	2 700 Euro

Die KfW-Förderung kann mit anderen Fördermitteln kombiniert werden, dazu würde die Installation einer Solarstromanlage (Photovoltaik, KfW-Kredit 270), der barrierefreie Umbau der Zugangswege für den Stellplatz oder die Garage (KfW-Zuschuss 455-B) oder der Schutz des Hauses und der Garage gegen Einbruch (KfW-Zuschuss 455-E) gehören.

1.2.4 KfW-Förderung (KfW-Zuschuss 441) für Ladestationen, für die Ladeinfrastruktur von nicht öffentlich zugänglichen Ladepunkten für das Aufladen von Firmenfahrzeugen und Privatfahrzeugen von Beschäftigten

Seit November 2021 gibt es über das KfW-Programm 441 eine Förderung für die Errichtung von nichtöffentlichen Ladestationen an Mitarbeiterparkplätzen.

Was und bis zu welcher Investitionssumme wird gefördert?

- Ladesäulen und Wallboxen nur für Wechselstrom und nicht für Gleichstrom, mit maximal 22 kW je Ladepunkt. Die Ladestation muss auf der Liste der förderfähigen Wallboxen und Ladesäulen stehen (KfW-Programmnummer 441).
- Außerdem werden das Energiemanagement zur Steuerung der Ladestationen sowie Netzanschlüsse und Batteriespeichersysteme gefördert.
- Darüber hinaus werden gefördert die Elektroinstallationsarbeiten und notwendige bauliche Maßnahmen am Gebäude und Netzanschlusspunkt, z. B. auch die Erdarbeiten.

- Zusätzlich können gefördert werden die Modernisierungsmaßnahmen der Gebäudeelektroinstallation und Telekommunikationsanbindung (wenn notwendig).
- Die Förderrichtlinie richtet sich nach Ladepunkten und nicht nach den Ladesäulen. Pro Ladepunkt gibt es einen pauschalen Investitionszuschuss von 900 Euro.
- Der maximale Zuschuss beträgt insgesamt 45 000 Euro je Standort bzw. Investitionsadresse.

Wer wird gefördert?

- Unternehmen
- Soloselbstständige und freiberuflich Tätige
- Körperschaften des öffentlichen Rechts
- Gemeinnützige Verbände

Welche Bedingungen sind mit der Förderung verknüpft?

- Keine öffentlich zugängliche Ladeinfrastruktur.
- Ladepunkte an Stellplätzen des Unternehmens oder an den angemieteten, nicht öffentlich zugänglichen Stellplätzen.
- Lademöglichkeit nur für die Firmenfahrzeuge oder Privatfahrzeuge der Mitarbeiterinnen und Mitarbeiter.
- Neuanschaffung der Ladestationen oder eine Erweiterung einer betrieblich vorhandenen Ladeinfrastruktur.
- Installation nur von Fachunternehmen oder zugelassenem Fachpersonal des eigenen Unternehmens.
- Förderanspruch nur bei Versorgung der Ladeinfrastruktur mit 100 % erneuerbarer Energie durch Zukauf oder Selbsterzeugung, z. B. PV-Anlage.
- Die Gesamtkosten müssen mindestens 1 285,71 Euro betragen. Die Förderung beträgt maximal 70 % der Gesamtkosten. Ist die Anschaffung niedriger, wird keine Förderung gezahlt. Siehe Tabelle 1.3 und Rechenbeispiele.

Die Beauftragung und Bestellung der Montage-Komponenten darf erst nach Beantragung und Zusage der KfW-Bank begonnen werden.

Einzelheiten siehe www.kfw.de.

Tabelle 1.3 Zuschuss laut Förderprogramm KfW 441

Anzahl Ladepunkte	Beantragter pauschaler Zuschuss	Gesamtkosten	Tatsächlicher Gesamtzuschuss
1	900 Euro	z. B. 1000 Euro	0 Euro
1	900 Euro	mind. 1285,71 Euro	900 Euro*
2	1800 Euro	z. B. 2000 Euro	1400 Euro**
2	1800 Euro	mind. 2571,43 Euro	1800 Euro
3	2700 Euro	z. B 3000 Euro	2100 Euro
3	2700 Euro	mind. 3857,14 Euro	2700 Euro
50	45000 Euro	mind. 64285,71 Euro	45000 Euro

* Mindestkosten pro Ladepunkt zur vollen Ausschöpfung der Förderung: 1285,71 Euro, d. h. davon 70 % Fördersumme = 900 Euro.

** Sind die Kosten z. B. bei 2 Ladepunkten niedriger als 2571,43 Euro, beträgt die Förderung 70 % der tatsächlichen Kosten (70 % von 2000 Euro = 1400 Euro).

1.2.5 Weitere Vorteile für Elektrofahrzeug-Nutzer

Es gibt u. U. Steuervorteile für Besitzer von Elektrofahrzeugen und für Arbeitnehmer, die ihr Fahrzeug beim Arbeitgeber aufladen möchten. Da das Steuerrecht ein komplexes Thema ist, habe ich Herrn Dipl.-Finanzwirt (FH) *Jan H. Marten* gebeten, eine Zusammenfassung für dieses Buch zu schreiben. Diese Zusammenfassung zum Thema Elektromobilität im Steuerrecht ist in Kapitel 7 zu finden.

Außerdem gibt es seit 2015 das „Gesetz zur Bevorrechtigung der Verwendung elektrisch betriebener Fahrzeuge“, kurz *Elektromobilitätsgesetz* (EmoG), das den Fahrzeugführern eine privilegierte Nutzung erlaubt. Es bietet die Möglichkeit, bevorrechtigt zu parken oder bestimmte Zonen zu nutzen. Dabei dürfen natürlich Sicherheit und Leichtigkeit des Verkehrs nicht beeinträchtigt werden. In dem Gesetz ist auch eine Kennzeichnung vorgegeben, mittels derer die elektrisch betriebenen Fahrzeuge eindeutig erkannt werden. Die Fahrzeug-Spezifikationen sind im Elektromobilitätsgesetz nachzulesen (www.bgbl.de).

Die sinnvollste Nutzung der Elektromobilität wird erst dann erreicht sein, wenn die erneuerbare Energie bei der Aufladung der Elektrofahrzeuge voll zum Tragen kommt und die Energie nicht von fossilen Energieträgern oder Kernkraftwerken erzeugt werden muss. Das bedeutet aber auch, dass ein durchgängiges Leitungsnetz die erneuerbare Energie durch die Bundesrepublik transportieren kann. Im Bereich der kleinen Kraftwerke, z. B. Photovoltaikanlagen auf Wohnhäusern und im Gewerbebereich, sollte die Energie selbst genutzt und im Home-Speicher oder Elektrofahrzeug zwischengespeichert werden.

Fazit: Die Elektromobilität ist keine Neuentwicklung, sondern eine Weiterentwicklung der Technik unter neuen Gesichtspunkten. Sie tendiert klar in Richtung sauberer Umwelt, für ein gesunderes Leben in den Städten, ohne Beeinträchtigung der persönlichen Mobilität.

Gerade in der Anfangszeit der Elektromobilität sind die Kosten für die Ladeinfrastruktur und die Elektrofahrzeuge relativ hoch. Aufgrund der hohen staatlichen Förderung wächst dieser Markt überproportional und eine Anschaffung ist für Einzelpersonen oder kleine Unternehmen realisierbar.

Für Gewerbetreibende bietet sich bei der KfW-Förderung Programmnummer 441 die Kombination mit Photovoltaik an, um die Energiekosten für die Fahrzeugflotte bzw. für die Mitarbeiterfahrzeuge zu minimieren. Siehe auch Kapitel 4 Nutzung der erneuerbaren Energien zur Fahrzeugladung.

1.3 Ladestationen im öffentlichen, halböffentlichen und privaten Bereich

Mit „Ladeinfrastruktur in Deutschland“ sind die öffentlichen Ladestationen und die halböffentlichen Anlagen gemeint, die für die Allgemeinheit oder ein spezielles Publikum zur Verfügung stehen.

Bei den Ladestationen unterscheiden wir grundsätzlich die AC-Ladung (Wechselstrom) und die DC-Ladung (Gleichstrom).

Hat eine Ladestation mehrere Steckvorrichtungen, wird jede Steckdose (oder das feste Anschlusskabel) als *Ladepunkt* bezeichnet.

Die maximal zur Verfügung stehende Leistung dieser Ladeeinrichtungen hängt von der Bauart der Ladestation und der Leistungsfähigkeit des zur Verfügung stehenden Stromnetzes ab. Hinzu kommt im Elektrofahrzeug die Größe des eingebauten Ladegerätes, um Energie aus Wechselstrom in Gleichstrom umzuwandeln.

Im privaten Bereich reicht meistens ein einziger Ladepunkt aus. Im halböffentlichen Bereich sind häufig mehrere Ladepunkte zu installieren, da dort mit mehreren Fahrzeugen zu rechnen ist, die gleichzeitig geladen werden sollen. Ist ein Ladepunkt in einem öffentlichen Register dokumentiert, muss immer mit weiteren Fahrzeugen gerechnet werden. Im privaten Bereich kann ein Ladepunkt spezifisch für einen Fahrzeugtyp installiert werden, im halböffentlichen Bereich hingegen müssen kompatible Ladepunkte vorgesehen werden. Grundsätzlich ist immer die vorhandene Elektroinstallation zu beachten, d. h., ob die Größe des Hausanschlusses ausreichend ist. Wenn die Hausanschlussgröße nicht ausreichend ist, muss ein Lastmanagement eingesetzt werden, um die Leistung bei mehrfach genutzten Ladepunkten zu reduzieren (siehe Abschn. 3.2).

Fazit: Gerade im halböffentlichen und privaten Bereich ist es unerlässlich, vor der Installation von Ladepunkten den vorhandenen Stromanschluss der Elektroanlage zu prüfen.

1.3.1 Unterschiede der Gleich- und Wechselstromladung

Bei der Gleichstromladung werden zurzeit DC-Leistungen von 50 kW bis zu 120 kW (Tesla Supercharger) zur Verfügung gestellt. Gleichstromladesäulen gibt es von verschiedenen Herstellern mit entsprechenden Ladekabeln und dazugehörenden Abrechnungssystemen. Im Bau sind heute schon DC-Ladeeinrichtungen mit einer Gleichstrom-Ladeleistung bis zu 350 kW.

Die Wechselstrom-Ladestationen können einen Anschluss bis zu 43 kW haben, wobei hier derzeit meistens Steckdosen mit max. 22 kW Leistung zur Verfügung stehen bzw. installiert werden.

Allerdings sind noch nicht alle Fahrzeuge in der Lage, diese Energie aufzunehmen. Beim Kauf des Elektrofahrzeuges können daher bei einigen Herstellern unterschiedlich große integrierte Ladegeräte gewählt werden.

Dazu kommen jene Fahrzeuge, die eine andere Stecker-Norm haben als die europäischen Fahrzeuge.

Fazit: Das Aufladen an der Gleichstromladestation erfolgt aufgrund größerer Leistungen wesentlich schneller als beim Wechselstromladen, das Fahrzeug muss aber dafür geeignet sein.

1.3.2 Beispiele für öffentliche, halböffentliche und private Ladestationen

Öffentliche Ladestationen

Öffentliche Ladepunkte stehen in der Regel 24 Stunden und an allen Wochentagen zur Verfügung. Bei diesen Anlagen erfolgt eine Abrechnung der Ladung über verschiedene Systeme.

> **Beispiele:** Dies sind etwa Ladestationen auf öffentlichen Parkplätzen, im Bahnhofsbereich und Flughafenbereich, in öffentlichen Schwimmbädern und Sporteinrichtungen (der Städte und Gemeinden) und anderen zugänglichen Park- bzw. Stellplätzen.

Halböffentliche Ladestationen

Im Gegensatz dazu stehen im halböffentlichen Bereich die Ladepunkte entweder nur zeitweise oder aber für ein begrenztes Publikum zur Verfügung. Dies gilt auch, wenn der Zugang z. B. in der Tiefgarage vom Hotel oder der Kundenparkplatz durch eine Schranke begrenzt ist.

> **Beispiele:** Halböffentliche Ladestationen befinden sich in Autohäusern, Autowerkstätten, Hotels, Restaurants, Tankstellen, auf Parkplätzen von Einkaufszentren und Messeparkplätzen, privaten Parkplätzen von Ladengeschäften und ähnlichen Einrichtungen.

Private Ladestationen

Private Ladestationen werden ausschließlich im privaten Umfeld genutzt. Dies kann die Garage, der Carport, der private Parkplatz oder der Platz in der privaten Tiefgarage sein. In der Regel wird der Stromverbrauch für die Aufladung nicht abgerechnet. Eventuell muss in der Tiefgarage eine Abrechnung geschaffen werden, weil keine Leitung zum eigenen Zähler gezogen werden kann. Näheres dazu wird in Abschn. 3.5 und 3.6 genannt. Eine weitere private Nutzung ist der Mitarbeiterparkplatz, der nur einem festen Personenkreis zugeordnet werden kann. Eine Variante für Mitarbeiter und Kunden würde aber schon in den Bereich der halböffentlichen Ladestationen fallen.

Abrechnung der Ladung im Gegensatz zu den öffentlichen Ladestationen

Bei den öffentlichen Ladestationen wird über verschiedene Bezahlvarianten der Strom für die Aufladung abgerechnet. Häufig ist der Versorgungsnetzbetreiber auch der Betreiber des Ladepunktes. Anders ist es bei den halböffentlichen Ladepunkten, bei denen der Betreiber des Ladepunktes privat ist, z. B. der Besitzer des Hotels, des Ladengeschäftes oder des Restaurants.

Da der Stromverkauf in Deutschland einzig und allein den Energieversorgern obliegt, wird hier der Strom nicht direkt mit dem Nutzer abgerechnet. Mittlerweile hat der Gesetzgeber klargestellt, dass bei einer Stromlieferung an den Nutzer eines Elektrofahrzeuges die energiewirtschaftlichen Regelungen keine Anwendung finden. Ladepunkte sind Letztverbraucher, siehe § 3 Nr. 25 Energiewirtschaftsgesetz (EnWG). Lt. Ladesäulenverordnung (LSV) § 2 Nr. 2 ist ein Ladepunkt eine Einrichtung, die zur Aufladung von Elektrofahrzeugen geeignet und bestimmt ist und an der nur ein Elektromobil zurzeit aufgeladen werden kann. Betreiber eines Ladepunktes ist, wer unter Berücksichtigung der rechtlichen, wirtschaftlichen und tatsächlichen Umstände bestimmten Einfluss auf den Betrieb eines Ladepunktes ausübt (LSV § 2 Nr. 8). Dies bedeutet, dass der Ladevorgang keine Stromlieferung zwischen dem Betreiber des Ladepunktes und dem Nutzer des Ladepunktes darstellt. Der Betreiber ist somit nicht als Energieversorgungsunternehmen einzuordnen. Ebenso unterliegt der Ladepunktbetreiber in der Regel nicht der Stromsteuer, sondern gilt als Letztverbraucher.

Bei diesen Ladepunkten wird in der Regel die Aufladung über eine entsprechende Parkplatzgebühr, eine Parkpauschale oder sogar kostenlos (als Kundenbindung) gewährt. Eine andere Lösung ist die Abrechnung über Dienstleister. Hinweise, inwieweit diese kostenlosen Ladevarianten oder Pauschalen noch möglich sind, finden Sie in Kapitel 6.

1.3.3 Wer darf Ladestationen im öffentlichen Bereich installieren?

In erster Linie ist das Stromnetz im öffentlichen Bereich im Besitz des Netzbetreibers angesiedelt. Das bedeutet auch, dass die Anlagen nur vom Netzbetreiber bzw. Energieversorger installiert und betrieben werden. Natürlich werden solche Aufträge auch an den konzessionierten Elektrofachbetrieb vergeben. Der Fachhandwerker darf jedoch nicht in Eigenregie Aufträge für die Installation von Ladestationen im öffentlichen Bereich annehmen und durchführen.

1.3.4 Wer installiert im halböffentlichen und privaten Bereich die Ladepunkte?

Anders ist es im halböffentlichen und privaten Bereich. Hier kann der Auftraggeber von jedem konzessionierten Elektrofachbetrieb seine Ladestationen installieren lassen. Wer Anlagen am Stromnetz anschließen, ändern oder erweitern möchte, muss laut NAV (Niederspannungsanschlussverordnung) die Konzession dafür haben. Neben der Eintragung des Firmeninhabers oder Meisters (Konzessionsträger) in das Installateurverzeichnis des Energieversorgungsunternehmens muss der Betrieb nach der Handwerksordnung (HwO) in die Handwerksrolle bei der Handwerkskammer eingetragen sein.

Eben in diesem halböffentlichen und privaten Bereich ist es wichtig abzuschätzen und zu prüfen, welche Möglichkeiten überhaupt anschlusstechnisch bestehen und welche Variante man dem Auftraggeber zukunftsorientiert anbieten möchte. Speziell im halböffentlichen Bereich stehen die Beratung und die genaue Prüfung der Gesamtanlage im Vordergrund.

Im öffentlichen Bereich kennt der Versorgungsnetzbetreiber das vorhandene Stromnetz und würde nur dann die Ladepunkte installieren, wenn die Infrastruktur durchgehend geplant ist und auch zur Verfügung steht. Im halböffentlichen Bereich ist es häufig die Aufgabe des Elektrofachhandwerkers zu prüfen, wie und wo eine entsprechende Leistung abgenommen werden kann, ohne die von vornherein benötigte Stromleistung zu beeinflussen. Dazu kommt der Wunsch des Kunden, ein Angebot über die entstehenden Kosten vom Handwerker zu bekommen. So eine Planung ist, gerade in größeren Objekten, nur in Verbindung mit dem örtlichen Versorgungsnetzbetreiber durchzuführen. Der Versorgungsnetzbetreiber kann Vorgaben machen oder letztendlich auch einen neuen, unter Umständen einen größeren Übergabepunkt anbieten. Als Unterstützung zur Datenaufnahme bietet sich eine Checkliste an (siehe Abschn. 2.5).

Was heißt in diesem Zusammenhang zukunftsorientiert?

Bei der Auswahl des Ladepunktes sollte berücksichtigt werden, dass dieser auch zukünftig zu neuen Fahrzeugen und Fahrzeugentwicklungen passt. Im öffentlichen und halböffentlichen Bereich gilt die Ladesäulenverordnung mit den geforderten Steckvorrichtungen. Aber im privaten Bereich wäre es für den Nutzer äußerst ärgerlich, wenn er für das neu angeschaffte Fahrzeug nun einen anderen Anschluss benötigt, als die Ladesäule bietet. Dies kann die maximale Anschlussgröße betreffen oder aber die eingesetzte Steckvorrichtung (siehe Bild 1.1).

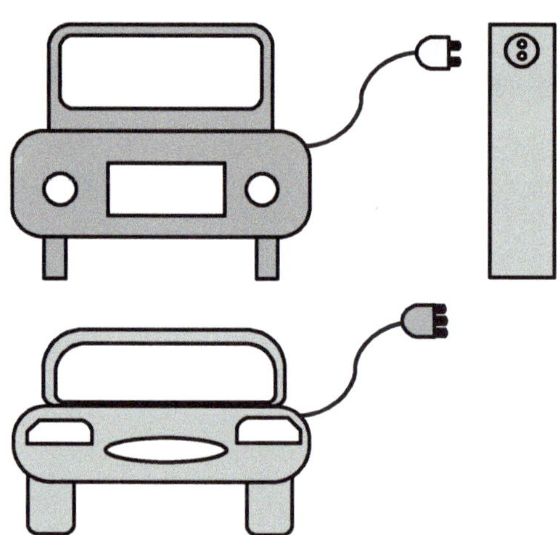

Unter Umständen passt bei dem
neuen Fahrzeug der Ladestecker nicht!

Bild 1.1 Unterschiedliche Steckvorrichtungen (Quelle: eigene Darstellung J. Klinger)

Fazit: Die Ladeinfrastruktur darf nur von autorisierten Elektrofachkräften installiert werden. Nur der Fachmann kann den Kunden vor dem Aufbau der Anlage weitsichtig beraten.

1.4 Genormte und gebräuchliche Steckvorrichtungen in der Elektromobilität

Was muss der Steckkontakt können?

In erster Linie sollte die Steckvorrichtung möglichst sicher und benutzerfreundlich sein und die benötigte Energie übertragen können, damit das Fahrzeug schnell wieder einsatzbereit ist. Der Stecker sollte kompatibel sein, um überall an öffentlichen und halböffentlichen Ladepunkten eine Aufladung realisieren zu können. Steckvorrichtungen für die Elektrizität gibt es weltweit seit Jahrzehnten. Leider sind diese Steckvorrichtungen aber sehr unterschiedlich in Funktion und Aufbau. Selbst bei gleichen Strom- und Spannungswerten gibt es große länderspezifische Unterschiede.

In Deutschland ist die Schutzkontaktsteckdose bekannt. Ein Großteil unserer Stromverbraucher im Haushalt wird über diese Steckvorrichtung angeschlossen und funktioniert zu unserer vollsten Zufriedenheit. Wären diese Steckdosen nicht geeignet für die Elektromobilität? Wie stark wird eine solche Steckdose im Haushalt belastet und wie lange wird der Anschluss eigentlich genutzt? Um diese Fragen beantworten zu können, müssen wir uns einmal unsere Verbraucher im Haushalt ansehen.

Bei Haushaltsgeräten mit einer Wärmeerzeugung, z. B. der Waschmaschine, dem Wäschetrockner oder dem Geschirrspülautomaten, tritt die hohe Belastung nur während der kurzen Aufheizphase auf, danach ist die Stromaufnahme eher gering. Die Kontakte der Steckvorrichtung werden thermisch nur kurzzeitig belastet. Anders ist es aber mit einem Dauerverbraucher wie bei der Elektromobilität, wo das Fahrzeug über Stunden mit der maximalen Leistung an dem Steckanschluss verbleiben muss. Die Steckkontakte würden sich übermäßig erwärmen und die Steckdosen- und Steckerkontakte würden langfristig gesehen zerstört. Diese Wärmeentwicklung kann sich natürlich dann auch negativ auf die Hausinstallation auswirken. Aus diesem Grund sind im Haushalt die großen Verbraucher, wie Elektroherde, Elektrodurchlauferhitzer und größere Elektroheizungen immer fest angeschlossen.

Das serienmäßige Zubehör bei fast jedem Elektrofahrzeug ist heute ein Ladekabel für die Schutzkontaktsteckdose. Oftmals wird dem Käufer suggeriert, dass dieses

Kabel ausreichend für die Aufladung zu Hause ist. Nur wird jedoch die lange Ladezeit, die bei dem geringen Anschluss erforderlich ist, nicht erwähnt. Diese Anschlussleitung kann eigentlich nur als ein Notladekabel bezeichnet werden, damit im Notfall überall nachgeladen werden kann.

Besser geeignet sind Steckvorrichtungen, die für hohe Ströme und die Dauerbelastung ausgelegt sind, z. B. Ladekabel mit CE-Steckern in einphasiger und mehrphasiger Version.

Aber auch bei den heutigen Steckvorrichtungen für die Elektromobilität gibt es weltweit sehr viele verschiedene Systeme. In den nächsten Abschnitten werden die üblichen Stecker näher vorgestellt.

1.4.1 Wechselstromstecker Typ 1

Wechselstromstecker Typ 1 sind gebräuchlich in den asiatischen und amerikanischen Fahrzeugen. Entwickelt wurden sie von dem japanischen Unternehmen Yazaki in Kooperation mit den japanischen Versorgungsunternehmen. Genormt ist dieser Stecker nach dem amerikanischen Automobilstandard SAE J1772. Außerhalb von Europa werden diese Steckvorrichtungen einphasig mit verschiedenen Spannungen und Frequenzen betrieben. Dazu gehören 120 V Wechselstrom (12 A) und 208 V bis 240 V Wechselstrom (32 A). In Europa erfolgt die Nutzung einphasig, mit 230 V Wechselstrom und einer Maximal-Leistung von 7,400 kW (32 A). Auch Fahrzeuge deutscher Fertigung, die z. B. nach Japan ausgeliefert werden, sind mit dem Typ-1-Stecker ausgestattet (siehe Bild 1.2).

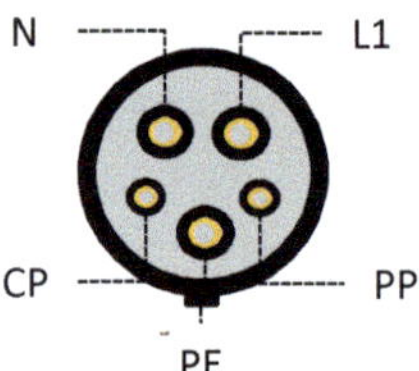

Bild 1.2 Stecker Typ 1
(Quelle: eigene Darstellung J. Klinger)

Einphasiges Laden ist in der Regel bis 7,400 kW (32 A) möglich, aufgrund der Schieflastgrenze in Deutschland aber nur bis 4,600 kW zulässig. Ein Ausnahmefall wäre, wenn sich der Anschluss an einer dafür bereitgestellten öffentlichen Ladestation befindet. Hier kann auch eine größere Leistung einphasig übertragen werden. Entscheidend sind aber das passende integrierte Ladegerät und der geeignete Typ-1-Stecker. Leider sind im Markt Stecker vorzufinden, die zwar die gleiche Funktion haben, aber nicht für den hohen Strom ausgelegt sind.

Der Typ-1-Stecker ist verpolungssicher und weist 5 Anschlüsse auf mit den Kontakten für die Phase, den Neutralleiter, den Schutzleiter und zwei Pilotkontakten. Es gibt bereits Vorschläge für eine 2-phasige Nutzung. Der Stecker hat keine automatische Verriegelungsfunktion und wird daher mit einem Handhebel verriegelt.

1.4.2 Wechselstromstecker Typ 2

Stecker/Kupplung Typ 2

Eingeführt wurde der Wechselstromstecker Typ 2 als europäischer Stecker. Die Entwicklung stammt aus dem Hause Mennekes in Deutschland. Der Typ-2-Stecker wird inzwischen von vielen Herstellern angeboten (siehe Bild 1.3).

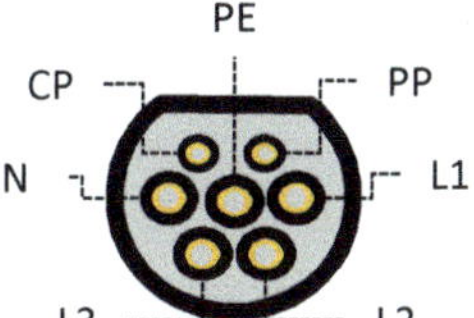

Bild 1.3 Stecker Typ 2 (Quelle: eigene Darstellung J. Klinger)

Dabei handelt es sich um einen dreiphasigen Stecker für 230 V/400 V Wechselstrom mit einer Maximalleistung von 43,000 kW (63 A). Im privaten Bereich wird dieser Stecker Typ 2 in der Regel für Ladepunkte bis zu 22 kW eingesetzt.

Anschlüsse: 3 Phasen, Neutralleiter, Schutzleiter und die Pilotkontakte. Genutzt werden kann dieser Stecker einphasig oder mehrphasig. Diese Steckvorrichtung ist in Deutschland bzw. in Europa an den öffentlichen Ladestationen zu finden bzw. in Deutschland per Ladesäulenverordnung (Abschn. 1.5.2), die unter bestimmten Voraussetzungen gilt, zwingend vorgeschrieben. Der Stecker bzw. die Kupplung wird bei der Aufladung automatisch am Ladepunkt und am Fahrzeug verriegelt.

1.4.3 Gleichstrom-Combo-Stecker oder CCS-Stecker

CCS-Stecker/Kupplung Combo Stecker Typ 2 oder auch CCS 2

Der CCS-Stecker (Combined Charging System) oder Combo-Stecker ist eine Weiterentwicklung des Typ-2-Steckers, der an der gleichen Position im Fahrzeug Gleichstrom laden kann. Wenn diese Option beim Fahrzeugkauf mit gewählt wurde bzw. zur Verfügung steht, befindet sich im Fahrzeug nur eine Steckvorrichtung, die zweifach nutzbar ist (siehe Bild 1.4).

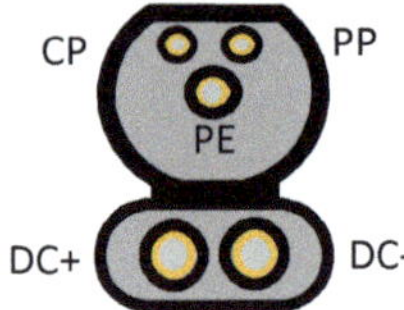

Bild 1.4 CCS Combo-Stecker
(Quelle: eigene Darstellung J. Klinger)

Im oberen Bereich der Steckvorrichtung werden bei der Gleichstromaufladung nur die Pilotkontakte und der Schutzleiter genutzt. Im unteren Bereich wird der Gleichstrom übertragen.

Eine Gleichstromladung von z. Zt. maximal 170 kW ist möglich. In der Regel liegt die Ladung, abhängig von der Größe der Ladestation, noch darunter (max. 50 kW). Der Stecker wird, wie beim Typ-2-Stecker, automatisch verriegelt. Die Steckvorrichtungen sind in diesen Formen in den Elektrofahrzeugen eingebaut, je nachdem, welche Variante beim Hersteller bestellt wurde.

In Bild 1.5 ist links der CCS-Stecker/Typ-2-Stecker und rechts nur der Typ-2-Stecker zu sehen. Der einphasige Anschluss im Fahrzeug ist leicht zu erkennen – wenn das Fahrzeug nur einen einphasigen Anschluss hat, sind die Kontakte nicht vorhanden oder aus Isolierstoff. Das CCS-System kann in Deutschland als Option gewählt werden, dabei sollten die technischen Daten der Fahrzeughersteller beachtet werden.

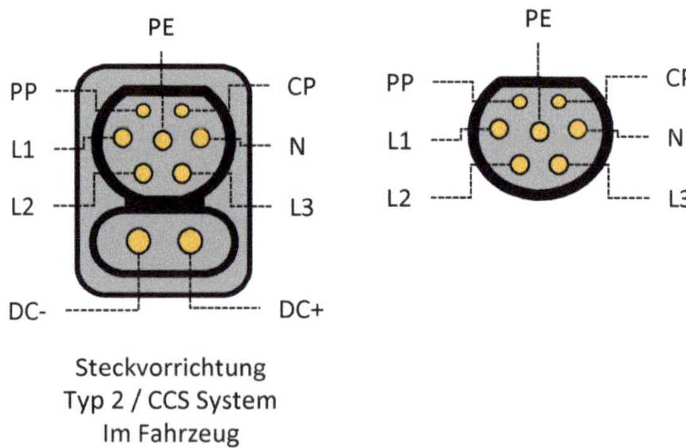

Bild 1.5 Fahrzeugseite CCS/Typ 2 und Typ 2 mit allen Kontaktbezeichnungen
(Quelle: eigene Darstellung J. Klinger)

1.4.4 Gleichstromstecker CHAdeMO

Die Entwicklung des CHAdeMO (Charge de Move)-Steckers stammt aus Japan. Der DC-Stecker ist für große Ladeströme geeignet und wird derzeit in Deutschland für Ladeleistungen bis zu 50 kW und größer genutzt (siehe Bild 1.6). Neben den DC-Lastkontakten sind hier weitere Kontakte für Ladesteuerung und Überwachung vorhanden. Die Verriegelung erfolgt über einen Handhebel. Diese Steckvorrichtung ist auch für die Rückspeisung geeignet, falls der Speicher des Fahrzeugs als Home-Speicher Vehicle-To-Grid V2G (siehe Abschn. 4.2), z. B. in Verbindung mit einer Photovoltaikanlage, genutzt werden soll.

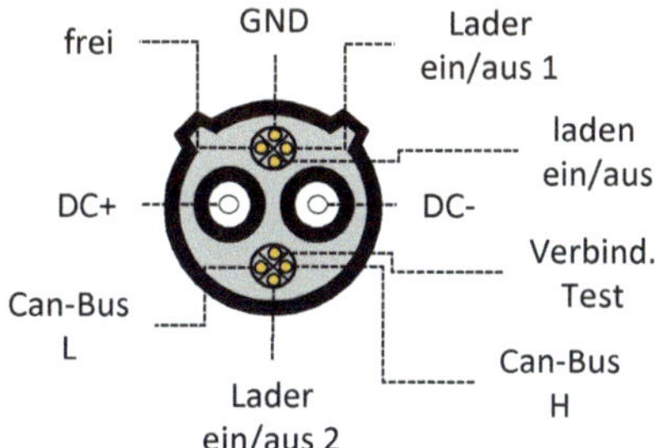

Bild 1.6 CHAdeMO-Stecker (Quelle: eigene Darstellung J. Klinger)

Beispiel einer Ladevorrichtung Stecker Typ 1 in Kombination mit CHAdeMO

Diese Kombination ist beispielsweise so in den japanischen Fahrzeugen in einer Einheit zu finden und wird auch in deutschen oder anderen Fahrzeugen, die für den japanischen Markt gebaut werden, so eingesetzt (siehe Bild 1.7).

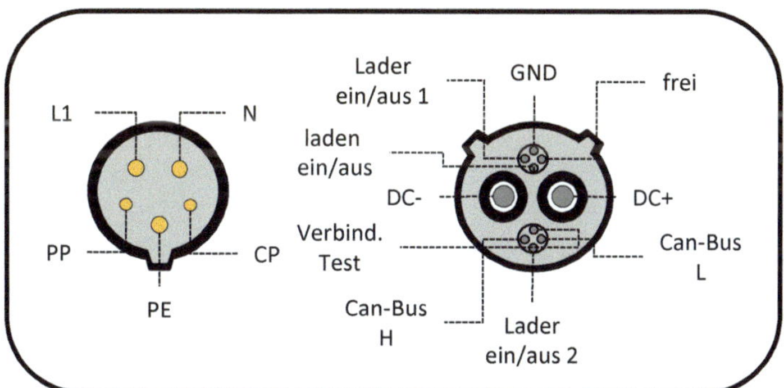

Bild 1.7 Fahrzeugseite Kombination Stecker Typ 1 und CHAdeMO (Quelle: eigene Darstellung J. Klinger)

Neu ist die Kombination einer Steckdose Typ 2 mit dem CHAdeMO-System z. B. in dem neuen Nissan Leaf 2. ZERO.

1.4.5 Sonderform Stecker Typ 2 DC

Für die Tesla Supercharger gibt es eine Sonderform des Typ-2-Steckers, die eigens für Tesla entwickelt wurde. Dieser Stecker ist mit einem Kabel an den Tesla Superchargern angeschlossen (und kann nur für Tesla-Fahrzeuge verwendet werden). Dadurch kann das Fahrzeug mit nur einem Steckanschluss am Fahrzeug über Gleichstrom (DC) oder Wechselstrom (AC) aufgeladen werden (siehe Bild 1.8).

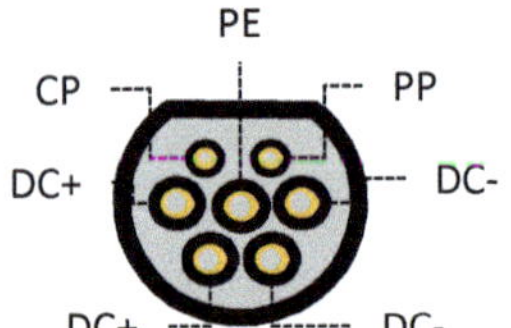

Bild 1.8 Sonderform Typ 2 DC
(Quelle: eigene Darstellung J. Klinger)

1.4.6 Weitere Steckervarianten

Neben den hier gezeigten Varianten Typ 1, Typ 2, CCS und CHAdeMO gibt es spezielle Stecker in China, die dem Typ-2-Stecker ähneln. Zu finden sind noch einige Typ-3A- und Typ-3C-Stecker (siehe Bild 1.9, einphasig und dreiphasig) sowie Stecker, die ähnlich dem CCS-Stecker aufgebaut sind. Im oberen Bereich befindet sich hier nicht der Typ-2-Steckanschluss, sondern der einphasige Typ-1-Stecker. Dies dient der Wechselstrom- und Gleichstromladung. Verwendet wird dieser Stecker u. a. in den USA. Der Typ-3C-Stecker ist noch vereinzelt in Frankreich in Gebrauch, wobei die Ladestationen inzwischen auf den Stecker Typ 2 umgebaut werden und in Deutschland keine Bedeutung haben. Da es in Frankreich Vorschriften für einen Shutter an den Steckdosen Typ 3A und 3C gab (die Kontakte sind durch einen Schieber/Verschluss berührungssicher abgedeckt), gibt es dort auch spezielle Typ-2-Steckdosen in den Ladesäulen, die wiederum einen Shutter haben. Da aber das Typ-2-Anschlusskabel nur Spannung führt, wenn beide Seiten (Ladepunkt und Fahrzeug) angeschlossen und verriegelt sind, ist diese Abdeckung für die Typ-2-Steckverbindung nicht notwendig. Für die Typ-3C-Stecker werden bei einigen Lieferanten derzeit noch, ähnlich wie bei Typ-1-Steckern, Ladekabel von Typ 2 auf Typ 3C angeboten.

Die Ladestationen, die in Deutschland Verwendung finden, haben in der Regel ein oder zwei Ladepunkte. Diese können mit Steckdosen oder fest angeschlossenen Kabeln versehen sein, wobei dann die Stecker Typ 1, Typ 2 oder die DC-Varianten montiert sind. Optional gibt es bei einigen Herstellern Ladestationen mit zusätzlichen Schukosteckdosen, beispielsweise zum Laden von Pedelecs oder für die älteren Fahrzeuge, die nur das Ladekabel für die Schukosteckdose haben.

Die Ladestationen werden unterschieden in sogenannte Wallboxen, Ladesäulen und mobile Ladestationen.

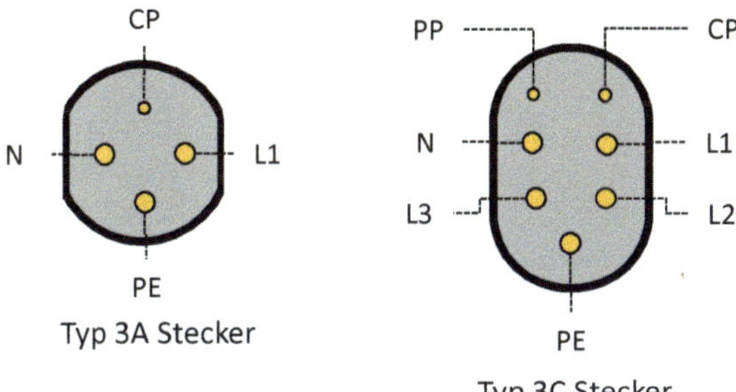

Bild 1.9 Stecker Typ 3A (links) und Typ 3C (rechts) (Quelle: eigene Darstellung J. Klinger)

Ladestationen für Fahrzeuge mit dem Typ-1-Stecker

Ladestationen mit dem Stecker Typ 1 haben keine Steckdose, sondern immer ein festes Anschlusskabel. Dadurch sind diese Ladestationen nur für den Fahrzeugtyp mit dem Stecker Typ 1 geeignet. Alternativ kann auch eine mobile Ladestation Verwendung finden, die beidseitig eine Steckvorrichtung hat, eine für den Netzanschluss (z. B. an einer Schuko- oder CEE-Steckdose) und eine für das Fahrzeug mit dem Stecker Typ 1.

Soll ein Fahrzeug mit dem Stecker Typ 1 an einer Ladestation Typ 2 angeschlossen werden, gibt es unterschiedlich lange Anschlusskabel mit dem Stecker Typ 2 (am Ladepunkt) und dem Stecker Typ 1 (fahrzeugseitig). Adapterstecker können nicht eingesetzt werden. Im Handel findet man sogenannte Adapterkabel, die aber nur bei der richtigen Konfiguration funktionieren. Falsche Ladekabel werden von der Ladestation abgewiesen.

Die im Markt angebotenen einphasigen Typ-1-Wallboxen gibt es mit Leistungen von 3,7 kW, 4,6 kW und 7,4 kW. Die größeren Varianten sind aber in Deutschland aufgrund der Schieflastgrenze von 4,6 kW nicht oder nur nach Zustimmung des Versorgungsnetzbetreibers (VNB) und deren Technischen Anschlussbestimmungen (TAB) zulässig.

Ladestationen Typ 2

Die Ladestationen Typ 2 können wahlweise mit einem festen Anschlusskabel oder einer Steckdose versehen sein, wobei die festen Anschlusskabel meistens nur bei den Wallboxen Verwendung finden. Ladekabel Typ 2 gibt es für die unterschiedlichen Ladeleistungen in verschiedenen Längen und Leitungsquerschnitten.

Diese Ladestationen werden zur Zeit in den Varianten 22 kW, 11 kW und 3,7 kW angeboten. Eine weitere Variante wäre die 43-kW-Ladestation für den Renault Zoe 41. Als Option gibt es bei manchen Herstellern die Ladestationen auch mit beheizten Steckdosen, damit im Winter der Stecker und die Verriegelungsmechanik nicht festfrieren können.

Fazit: Ladestationen sowie Elektrofahrzeuge sind mit unterschiedlichen Steckern bzw. Kupplungen versehen. Es sah zunächst danach aus, dass sich in Europa im DC-Bereich der CCS-Stecker und im AC-Bereich der Typ-2-Stecker durchsetzen würde. Die aktuellen Fahrzeuge zeigen aber deutlich, dass der CHAdeMO-Stecker weiter im Einsatz ist. Die Hersteller der DC-Ladetechnik bieten optional schon zwei Stecksysteme an.

1.5 Die Auswahl der Ladestation

Die Elektro-Fahrzeuge sind, wie anfangs schon beschrieben, mit einem integrierten Ladegerät versehen. Schließt man das Fahrzeug an einem Ladepunkt an, muss das System erkennen, welche maximale Ladeleistung übertragen werden kann. Wird ein Fahrzeug mit einem einphasigen Anschluss von max. 3,7 kW an einem Ladepunkt von z. B. 4,6 kW angeschlossen, reduziert sich die Leistung automatisch auf 3,7 kW. Das gleiche würde auch bei einer 22-kW-Ladestation passieren.

An dieser Stelle ergeben sich die ersten Unterschiede bei der Auswahl der Ladestation. Es gibt 22-kW-Ladestationen (die meisten Ladestationen sind heute automatisch umschaltend aufgebaut), an denen nur Fahrzeuge mit 22 kW Ladeleistung angeschlossen werden können. Ladestationen, die für alle Ladeleistungen gebaut sind, müssen natürlich die entsprechende Überstrom-Schutzeinrichtung integriert haben.

Zu beachten ist, dass eine Ladestation für nur 22 kW auch nur die Leitungsschutzschalter für die 22-kW-Fahrzeuge aufweist. Eine Ladestation mit einer automatischen Umschaltung muss die Leitung bei allen Varianten, 3,7 kW (einphasig), 11 kW und 22 kW (dreiphasig), schützen können. Dazu kommt unter Umständen noch die integrierte Schukosteckdose, die eine eigene Absicherung benötigt.

Zusätzlich muss erkannt werden, welches Fahrzeugkabel verwendet wird. Über die Pilotkontakte wird zwischen dem angeschlossenen Fahrzeug und der Ladesteckdose eine Kommunikation aufgebaut und unter anderem gemessen, wie groß der maximale Ladestrom sein darf. Aus diesem Grund kann auch das Ladeanschlusskabel nicht einfach verlängert werden oder eine zu große Leistung über ein zu schwaches Kabel übertragen werden. Manipulationen am Kabel und an den Steckern können zu einer großen Gefahr für den Benutzer und die vorgeschaltete Sicherung werden. Durch die thermische Belastung könnte ein Feuer entstehen.

Ladekabel gibt es in unterschiedlichen Längen und entsprechenden Querschnitten für nahezu jeden Fahrzeugtyp.

Bei der Auswahl ist auch zu beachten, dass sich die Ladestation bei der Aufladung stark erwärmen kann, herstellerabhängig sind dadurch nicht alle Kombinationsgrößen möglich.

Bei der Anordnung der Ladestation sind der Standort bzw. Montageort und der Anschluss am Fahrzeug zu beachten, damit das Ladekabel ausreichend lang ist und nicht zur Stolperfalle wird. Genauso wichtig ist die Montagehöhe. Sie sollte benutzerfreundlich sein, mindestens 0,50 m vom Boden und nicht höher als 1,50 m angebracht sein. Beachten Sie bitte auch, dass Menschen mit einem Handicap wie Rollstuhlfahrer den Ladepunkt problemlos nutzen können.

Zukunftsorientiert sollte, nach Rücksprache mit dem Kunden, geklärt werden, welches Fahrzeug (Hersteller und Typ) geladen werden soll und ob er eine Steckdose oder ein fest angeschlossenes Ladekabel bevorzugt. Manchmal ist es im privaten Bereich sinnvoller, bei einem Elektrofahrzeug mit einem vorhandenen Typ-1-Steckanschluss heute schon eine Ladestation mit einer Typ-2-Steckdose zu installieren. Der Anschluss kann dann mit einem Ladekabel Typ 2 auf Typ 1 vorgenommen werden und wäre für die Zukunft gerüstet und natürlich auch für Gäste mit einem Typ-2-Steckanschluss geeignet.

Die Größe der Ladestation richtet sich nicht nur nach dem Fahrzeug, sondern auch nach dem Hausanschluss und der schon vorhandenen Strombelastung durch die angeschlossenen Stromverbraucher. In der Norm DIN VDE 0100-722:2019-06 findet man die Vorgaben für das Errichten von Niederspannungsanlagen sowie Anforderungen an Betriebsstätten, Räume und Anlagen besonderer Art und spezielle Anforderungen für die Energieversorgung von Elektrofahrzeugen. Unter anderem wird hier für jeden Ladepunkt ein eigener Verteilerstromkreis mit einer eigenen Absicherung und der Fehlerstrom-Schutzeinrichtung gefordert.

Bei der Planung ohne vorgesehenes Lastmanagement ist ein Gleichzeitigkeitsfaktor von 1 anzunehmen. Der Gleichzeitigkeitsfaktor gibt uns die Belastung vor, die entsteht, wenn alle erforderlichen Geräte in Betrieb sind. Bei einer Planung wird selten die geplante Leistung als Gesamtleistung angenommen, in der Praxis greift man auf Erfahrungswerte zurück. Anders ist es aber bei Dauerverbrauchern, die einen längeren Zeitraum mit der Nennleistung betrieben werden.

Bei der Auswahl des passenden Ladepunktes ist auch das Nutzerverhalten zu berücksichtigen. In der Regel möchten wir das Elektrofahrzeug genauso nutzen können wie ein Fahrzeug mit Verbrennungsmotor. Dazu gehört, dass der Nutzer sein Fahrzeug zu Hause und unterwegs aufladen möchte. Das bedeutet wiederum, dass die öffentlichen oder halböffentlichen Ladepunkte in ausreichender Anzahl und in erreichbarer Entfernung vorhanden sein müssen, damit das Fahrzeug schnell aufgeladen werden kann. Für die schnelle Aufladung wird eine große Leistung benötigt. Die Ladestation zu Hause kann dem Fahrzeug und dem Anschluss entsprechend kleiner sein, weil in der Regel das Elektrofahrzeug wieder aufladen kann, wenn der Nutzer längere Zeit zu Hause ist.

Schon im ersten Gepräch mit dem zukünftigen Elektromobilisten sollte geklärt werden, um welches Fahrzeug es sich handelt und welche Möglichkeiten sich für die Ladung eines Fahrzeuges im privaten Bereich ergeben.

Maximale Ladeleistung bei der Gleichstromladung

Bei der Gleichstromladung befindet sich das Ladegerät nicht mehr im Fahrzeug, sondern in der Ladestation. Hier erfolgt praktisch die AC-DC-Umwandlung in der DC-Ladestation und natürlich auch wieder mit einer Kommunikation zum Elektrofahrzeug. Vor und während des gesamten Ladevorgangs werden die Ladung und der Anschluss überwacht. Vergleichbar ist die DC-Ladung mit einem Batterieladegerät. Bei einem einfachen Batterieladegerät erfolgt keine Kommunikation zwischen Steckdose und Fahrzeugbatterie. Die Leistung wird letztendlich durch die DC-Ladestation in Verbindung mit der Batterie und der Fahrzeugtechnik bestimmt. Nicht nur die Ladespannungen und Ladeströme werden ständig kontrolliert, sondern auch die Temperaturen der Batterie und der weiteren vorhandenen Fahrzeug- und Ladesäulentechnik. Bei diesen hohen Leistungen und der relativ kurzen Ladezeit müssen die Komponenten der Ladetechnik unter Umständen auch gekühlt werden.

Bei jeder Installation, ob als AC- oder DC-Ladestation, sind immer die gültigen TAB (Technischen Anschlussbedingungen) des örtlichen Versorgungsnetzbetreibers zu beachten (siehe auch Abschn. 3.4).

Fazit: Es gibt heute viele verschiedene Varianten von Ladepunkten für die Ladeinfrastruktur. Es handelt sich aber nicht nur um eine einfache Steckvorrichtung, vielmehr spielt die Kommunikation zum Fahrzeug auch hier eine wesentliche Rolle, um einen sicheren Betrieb zu gewährleisten. Erstrebenswert ist ein zukunftssicheres System, das sich für die unterschiedlichen Typen eignet, einschließlich einer notwendigen Kompatibilität.

1.5.1 Übersicht verschiedener Ladestationen (Beispiele)

Auf den folgenden Seiten sind einige Beispiele von Ladestationen unterschiedlicher Hersteller mit den wichtigsten Auswahlkriterien zusammengestellt. Diese werden sortiert aufgeführt nach AC- und DC-Ladestationen, mobilen Ladekabeln und interessantem Zubehör. Zu bemerken ist bei vielen Herstellern die neue Flexibilität bei den Leistungen. Wurden früher verschieden große Varianten an Ladestationen angeboten, ist heute eine einfache Einstellung an einer Station durch den Fachhandwerker möglich.

Diese Zusammenstellung soll nur einen Überblick verschaffen; detaillierte Informationen erhalten Sie vom jeweiligen Hersteller. Trotz Anschreiben haben nicht alle Hersteller auf meine Anfrage nach Bildern, technischen Daten und der Veröffentlichung in diesem Buch reagiert.

Für die kooperative Zuarbeit sei den Firmen ABB Automation Products GmbH, ABL-Sursum, KEBA, Mennekes, NRG-Kick, New Motion und Walther-Werke gedankt.

Produkte alphabetisch sortiert nach Hersteller

ABB Terra AC-Wandladestation
Herstellerbezeichnung TAC-W

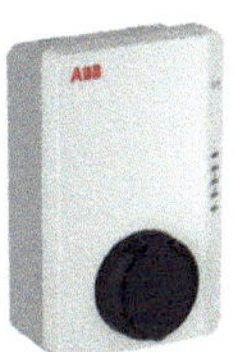

Bild 1.10
ABB Terra AC-Wallbox mit Steckdose Typ 2

- Variante einphasig 3,7 kW oder 7,4 kW
- Variante dreiphasig 11 kW und 22 kW
- Ausführung mit Steckdose Typ 2 oder 5 m Anschlusskabel
- optional mit RFID-Karte oder App
- Schutzeinrichtung, Überstrom- und Überspannungsschutz
- DC-Fehlerstromerkennung
- optional mit MID-Zähler und Anzeige
- GSM, 4G, LTE, WCDMA
- WLAN, Ethernet (RJ45), Bluetooth, RS 485, 4G/3G
- OCPP 1.6
- vorbereitet für ein dynamisches Lastmanagement (externer Energiezähler)
- Zubehör verschiedene Säulen (Stele)

Bild 1.11
ABB Terra AC-Wallbox mit Ladekabel

ABB Terra DC-Wandladestation
Herstellerbezeichnung TWB-CE 24
für halböffentliche und private Anwendungen

- DC-Ausgangsleistung 22,5 kW/24 kW
- DC-Ausgangsspannung 150–920 V
- DC-Ausgangsstrom 60 A
- Variante mit CCS 2 oder CHAdeMO
- Variante mit CCS 2 und CHAdeMO
- Variante mit 3,5 m oder 7 m Anschlusskabel
- mit Kabelhalter für den Innenbereich
- RFID-System
- Eingangsspannung 400 V
- max. Nenneingangsstrom 3 × 40 A, Möglichkeit zur Strombegrenzung
- Integration mit Back-Offices und Zahlungsplattformen

Bild 1.12
ABB DC-Wallbox
mit einem DC-Anschluss

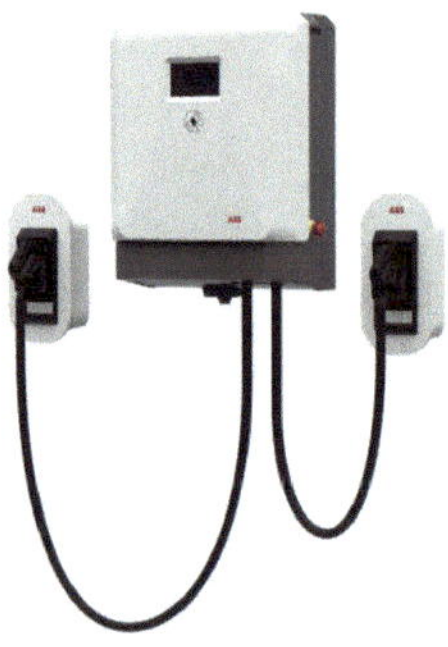

Bild 1.13
ABB DC-Wallbox
mit CCS 2 und CHAdeMO

ABB Terra DC-Ladesäulen
Herstellerbezeichnung Terra 24, 54, 94, 124 und 184
für öffentliche und halböffentliche Anwendungen

- DC-Ausgangsleistung von 24 kW–180 kW
- Varianten mit AC-Anschluss 22 kW
- DC-Anschlussvariante CCS 2 und/oder CHAdeMO
- optional sind alle Varianten eichrechtskonform oder entsprechend nachrüstbar

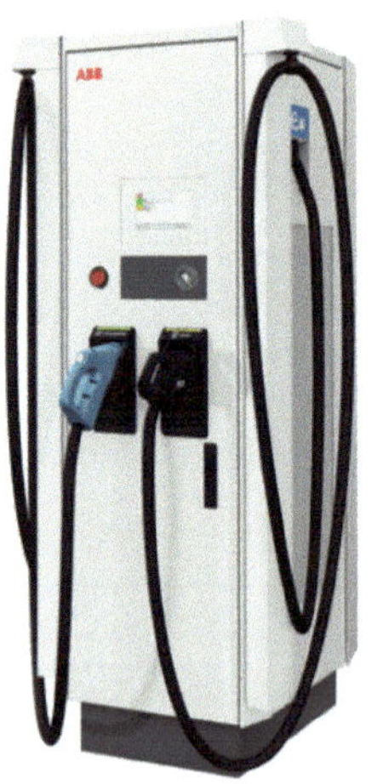

Bild 1.14
ABB DC-Ladesäule
mit CCS 2- und
CHAdeMO-Anschlusskabel

Bild 1.15
ABB DC-Ladesäule
mit CCS 2-, CHAdeMO- und
AC Typ 2-Anschlusskabel

ABL Ladesäule
Herstellerbezeichnung eMC2
für den halböffentlichen Bereich 44 kW 63 A

- 2 × 22 kW Ladeleistung
- mit 2 Steckdosen Typ 2
- mit RCD Typ A und DC-Fehlerstromerkennung
- LS-Schalter integriert
- Überspannungsschutz
- Freigabe mit RFID Karte
- mit MID-Energiezähler
- optional Backend-Anbindung OCPP
- Phasenstrommessung
- in den Varianten Master oder Slave

Bild 1.16
ABL Ladesäule eMC2, halböffentlich

ABL Ladesäule
Herstellerbezeichnung eMC3
für den öffentlichen Bereich 44 kW 63 A

- 2 × 22 kW Ladeleistung
- mit 2 Steckdosen Typ 2
- mit allstromsensitivem Fehlerstromschutzschalter Typ B
- Zählervorsicherungen und LS-Schalter integriert
- Überspannungsschutz
- Freigabe mit RFID-Karte
- mit MID-Energiezähler
- Backend-Anbindung OCPP
- Hausanschlusskasten
- Adapter EHz
- Logging Gateway

Bild 1.17
ABL Ladesäule eMC3, öffentlich

**ABL Ladesäule
Herstellerbezeichnung eMC3
für den halböffentlichen und öffentlichen Bereich,
eichrechtskonform und abrechnungsfähig
über ein Backend**

- 2 × 22 kW Ladeleistung
- mit 2 Steckdosen Typ 2
- mit allstromsensitivem Fehlerstromschutzschalter Typ B
- Zählervorsicherungen und LS-Schalter integriert
- Überspannungsschutz
- Freigabe optional mit RFID-Karte
- mit MID-Energiezähler
- Backend-Anbindung OCPP
- Logging Gateway
- als Master oder Slave
- die Slave-Variante kann in Einzelbetrieb umkonfiguriert werden (ggf. Zubehör beachten)

Bild 1.18
ABL Ladesäule eMC3, halböffentlich/öffentlich

**ABL Wallbox eMH3 Single mit Steckdose/
mit Ladekabel für eichrechtskonforme
Backend- und Lastmanagement-Anwendungen**

- 22 kW Ladeleistung
- mit 6 m Steckdose Typ 2 oder Ladekabel Typ 2
- RFID
- mit RCD Typ A und DC-Fehlerstromerkennung
- Phasenstrommessung
- Welding Detection
(Schutz bei Verschweißung des Schützes)
- integrierte Temperaturüberwachung
- einstellbarer Ladestrom via Configuration Software
- Energiezähler
- Backend-Anbindung OCPP
- Logging Gateway
- Varianten Master+ und Slave+, optional Einzelbetrieb durch Umkonfiguration ohne Backend (dafür sind die als Zubehör erhältlichen ID Tag RFID Usercards erforderlich)

Bild 1.19
ABL Wallbox eMH3 Single mit Steckdose

Bild 1.20
ABL Wallbox eMH3 Single mit Ladekabel

ABL Wallbox eMH3 Twin mit 2 Steckdosen/ mit 2 Ladekabeln für Backend- und Lastmanagement-Anwendungen

Bild 1.21
ABL Wallbox eMH3 Twin mit Ladekabel

- optional 2 × 11 kW, 1 × 22 kW oder 2 × 22 kW Ladeleistung
- mit 6 m Ladekabel Typ 2 oder Steckdose Typ 2
- RFID
- mit RCD Typ A und DC-Fehlerstromerkennung
- Lastmanagement lokal
- Phasenstrommessung
- Welding Detection (Schutz bei Verschweißung des Schützes)
- integrierte Temperaturüberwachung
- einstellbarer Ladestrom via Configuration Software
- mit Energiezähler (MID), außer Stand-Alone
- Backend-Anbindung OCPP (außer Stand-Alone)
- Varianten Master und Slave und Stand-Alone
- optional in der Variante Master+ und Slave+ für eichrechtskonforme Backend- und Lastmanagement-Anwendungen

Bild 1.22
ABL Wallbox eMH3 Twin

ABL Wallbox mit Steckdose eMH1
ABL Wallbox mit Ladekabel eMH1 und eMH1Basic

- 11 kW und 22 kW, dreiphasig Typ 2 (einphasige Wallboxen auf Anfrage)
- mit 6 m Ladekabel Typ 2 (eMH1 Basic oder eMH1 mit Ladekabel)
- mit Steckdose Typ 2 (eMH1 mit Steckdose)
- mit RCD Typ A (nicht in der Basic Version)
- DC-Fehlerstromerkennung
- Phasenstrommessung (nicht bei eMH1 Basic 11 kW)
- Welding Detection (Schutz bei Verschweißung des Schützes)
- integrierte Temperaturüberwachung
- einstellbarer Ladestrom via Configuration Software LOMK218

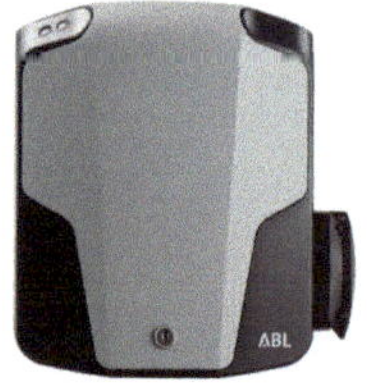

Bild 1.23
ABL Wallbox eMH1

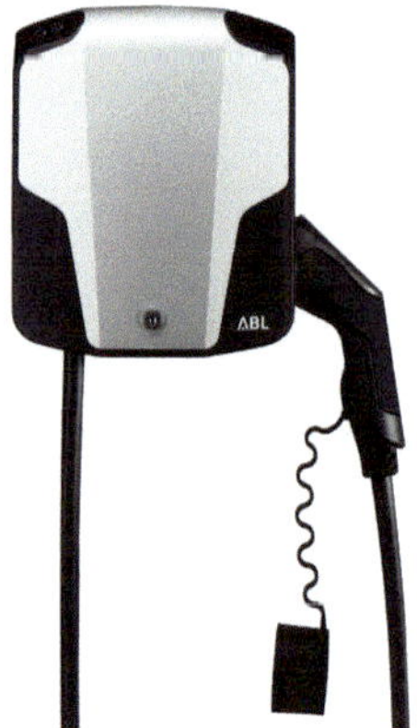

Bild 1.24
ABL Wallbox eMH1 mit Ladekabel

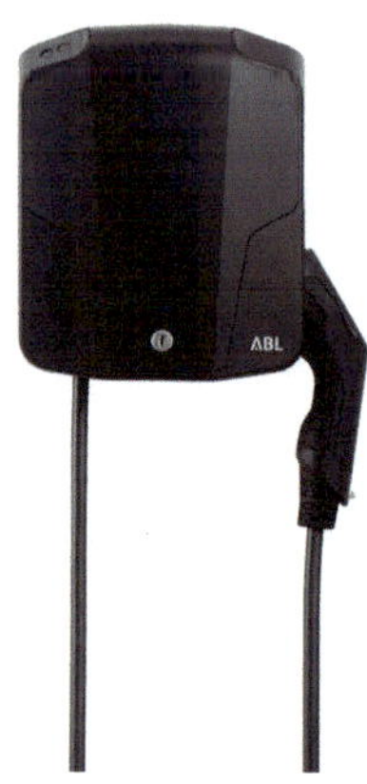

Bild 1.25
ABL Wallbox eMH1 Basic mit Ladekabel

ABL Wallbox mit Steckdose eMH2/mit Ladekabel eMH2 für Backend- und Lastmanagement-Anwendungen

- Ladeleistung 22 kW
- mit 6 m Ladekabel Typ 2 (eMH2 mit Ladekabel)
- mit Steckdose Typ 2 (eMH2 mit Steckdose)
- mit RCD Typ A
- DC-Fehlerstromerkennung
- Phasenstrommessung
- Welding Detection (Schutz bei Verschweißung des Schützes)
- integrierte Temperaturüberwachung
- einstellbarer Ladestrom via Configuration Software
- Backend-Anbindung OCPP, optional Einzelbetrieb durch Umkonfiguration ohne Backend (dafür sind die als Zubehör erhältlichen ID Tag RFID Usercards erforderlich)

Bild 1.26
ABL Wallbox eMH2 mit Ladekabel

Bild 1.27
ABL Wallbox eMH2 mit Steckdose

ABL Zubehör

- Stele für die Wallbox eMH3
- Stele für die Wallbox eMH1
- Ladekabel in verschiedenen Ausführungen
- Montageplatte für die eMH, optional mit Schlüsselschalter

Bild 1.28
ABL Stele für die Wallbox eMH3

Bild 1.29
ABL Stele für die Wallbox eMH1

Bild 1.30
ABL Montageplatte für die Wallbox eMH1

Bild 1.31
ABL Ladekabel

ABL home CLU
Lastmanagement für Zuhause
für max. 6 Wallboxen (bis 22 kW)

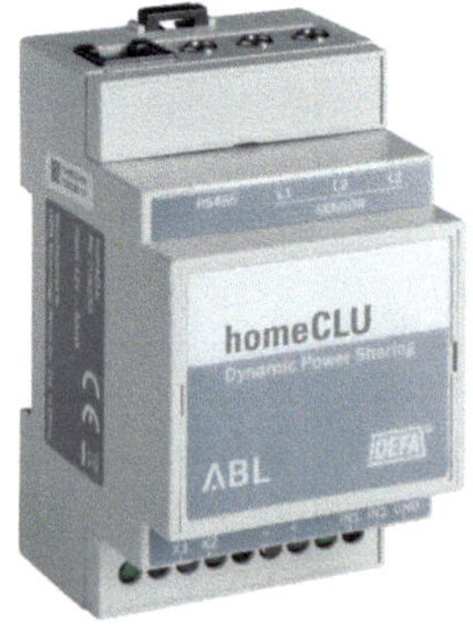

Bild 1.32
ABL home CLU

KEBA KeContact Ladestation Type e-series

- einphasig bis zu 32 A (7,4 kW) (je nach EU-Einsatzort, regionale Vorschriften beachten)
- (Buchse) eine Steckdose Typ 2 (4,6 kW) einstellbar 10, 13, 16 und 20 A
- optional Steckdose Typ 2 (7,4 kW) einstellbar bis 32 A
- DC-Fehlerstromüberwachung
- USB-Anschluss
- Ethernet-Anschluss (RJ45)
- Variante mit Anschlusskabel Typ 1 (4,6 kW) einstellbar 10, 13, 16 und 20 A
- Variante mit Anschlusskabel Typ 2 (4,6 kW) einstellbar 10, 13, 16 und 20 A
- optional auch in der Variante mit Shutter erhältlich

Bild 1.33
KEBA KeContact P30 Wallbox e-series und b-series mit Steckdose

KEBA KeContact Ladestation Type b-series

- ein- und dreiphasig bis zu 32 A (22 kW)
- (Buchse) eine Steckdose Typ 2 (22 kW) einstellbar 10, 13, 16, 20, 25 und 32 A
- RFID oder Key
- DC-Fehlerstromüberwachung
- USB-Anschluss
- Ethernet-Anschluss (RJ45)
- Variante mit Anschlusskabel Typ 1 (4,6 kW) einstellbar 10, 13, 16 und 20 A
- Variante mit Anschlusskabel Typ 2 (11 kW) einstellbar 10, 13, 16 und 20 A
- Variante mit Anschlusskabel Typ 2 (22 kW) einstellbar bis 32 A
- optional auch in der Variante mit Shutter erhältlich

Bild 1.34
KEBA KeContact P30 Wallbox e-series und b-series mit Anschlusskabel

KEBA KeContact Ladestation Type c-series

Bild 1.35
KEBA KeContact P30
Wallbox c-series
mit Steckdose und Display

- ein- und dreiphasig bis zu 32 A (22 kW)
- (Buchse) eine Steckdose Typ 2 (22 kW) einstellbar 10, 13, 16, 20, 25 und 32 A
- Benutzerberechtigung (RFID)
- optional mit MID-Zähler (kWh-genaue Abrechnung und intelligent gesteuertes Laden)
- mess- und eichrechtskonform (je nach Variante)
- DC-Fehlerstromüberwachung
- USB-Anschluss
- Ethernet-Anschluss (RJ45)
- LSA Ethernet+ Schnittstelle, permanente Verbindung (Backend, weitere KeContact P30)
- UDP-Schnittstelle (Smart Home Automation), Modbus/TCP
- OCPP-Kommunikation als Slave und Lastmanagement (x-series als Master)
- Display auch in Verbindung mit der x-series
- Variante mit Anschlusskabel Typ 1 (4,6 kW) einstellbar 10, 13, 16 und 20 A
- Variante mit Anschlusskabel Typ 2 (11 kW) einstellbar 10, 13, 16 und 20 A
- Variante mit Anschlusskabel Typ 2 (22 kW) einstellbar bis 32 A
- optional auch in der Variante mit Shutter erhältlich

KEBA KeContact Ladestation Type x-series

- ein- und dreiphasig bis zu 32 A (22 kW)
- (Buchse) eine Steckdose Typ 2 (22 kW) einstellbar 10, 13, 16, 20, 25 und 32 A
- Benutzerberechtigung (RFID)
- optional mit MID-Zähler (kWh-genaue Abrechnung und intelligent gesteuertes Laden)
- mess- und eichrechtskonform (je nach Variante)
- DC-Fehlerstromüberwachung
- USB-Anschluss
- Ethernet-Anschluss (RJ45)
- LSA Ethernet+ Schnittstelle, permanente Verbindung (Backend, weitere KeContact P30)
- UDP-Schnittstelle (Smart Home Automation), Modbus/TCP
- OCPP-Kommunikation als Master/Slave-Kommunikation und Lastmanagement als Master
- Display
- GSM für die drahtlose Kommunikation (4GLTE)
- WLAN für die Netzwerkeinbindung in ein bestehendes Netzwerk
- Variante mit Anschlusskabel Typ 1 (4,6 kW) einstellbar 10, 13, 16 und 20 A
- Variante mit Anschlusskabel Typ 2 (11 kW) einstellbar 10, 13, 16 und 20 A
- Variante mit Anschlusskabel Typ 2 (22 kW) einstellbar bis 32 A
- optional auch in der Variante mit Shutter erhältlich

Bild 1.36
KEBA KeContact P30 Wallbox x-series mit Anschlusskabel

Bild 1.37
KEBA KeContact P30 Wallbox x-series mit Steckdose und Display

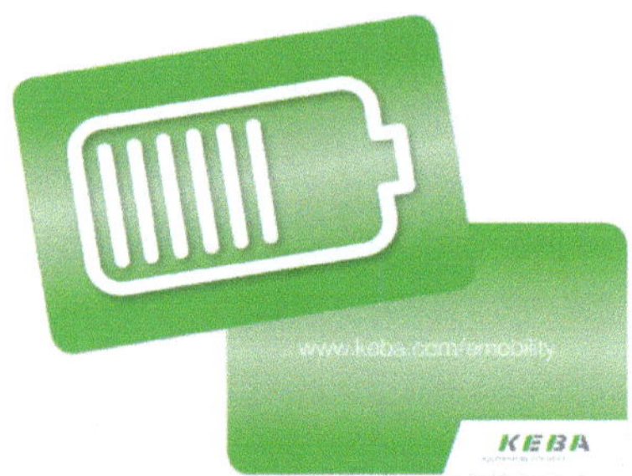

Bild 1.38
KEBA Zubehör RFID-Karten

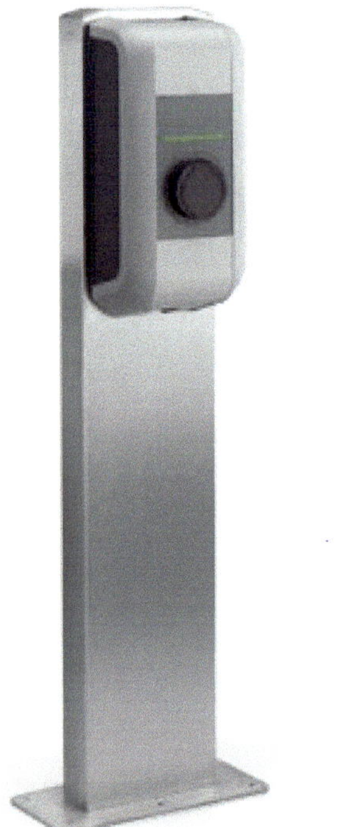
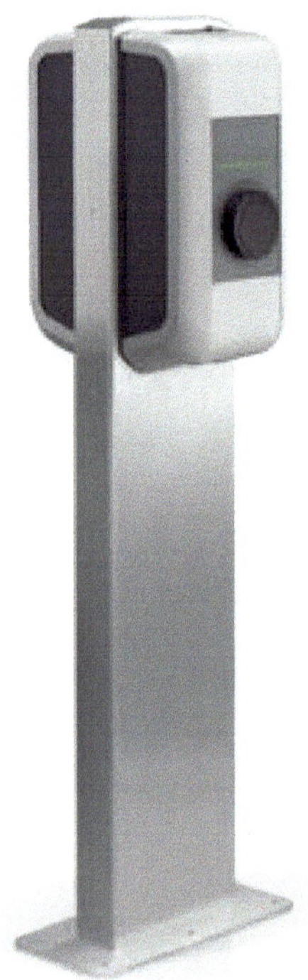
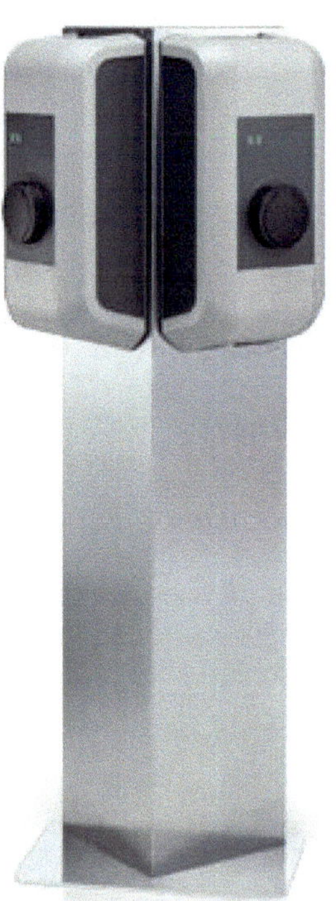

Bild 1.39
KEBA Zubehör verschiedene Säulen

MENNEKES AC-Ladesäulen AMEDIO Professional ativo, Professional +ativo, Professional PNC ativo und Professional +PnC Ativo

Bild 1.40
MENNEKES Ladesäule Professional

- bis zu 2 × 22 kW Ladeleistung
- zwei Steckdosen Typ 2
- Überspannungsschutz Typ 2
- optional Blitzstrom- und Überspannungsschutz (Kombiableiter Typ 1 + 2)
- mit allstromsensitivem Fehlerstromschutzschalter Typ A
- LS-Schalter integriert
- RFID-System
- eHZ-Zähler inklusive eichrechtskonformer Datenübertragung
- LED-Statusanzeige
- LAN (RJ45)
- 3G/4G Modem (+ Variante)
- PnC mit Kommunikation nach ISO 15118 inkl. Plug and Charge
- Lade- und Lastmanagement für bis zu 100 Ladepunkte

MENNEKES AC-Ladesäulen Premium ativo, Smart ativo

Bild 1.41
MENNEKES Ladesäule Premium und Smart

- bis zu 2 × 22 kW Ladeleistung
- zwei Steckdosen Typ 2
- Thermomanagement und Steckdosenheizung
- mit allstromsensitivem Fehlerstromschutzschalter Typ A
- LS-Schalter integriert
- RFID-Reader
- BKE für eHZ und Smart Meter
- eichrechtskonform
- Statusinformation per Klartextdisplay
- Lastmanagement mit ACU
- Smart ativo mit OCPP-Modem
- Autoswitchfunktion

MENNEKES AC-Ladesäulen Basic 3,7 kW, 11 oder 22 kW

- 2 × 3,7 kW, 2 × 11 kW oder 2 × 22 kW Ladeleistung
- zwei Steckdosen Typ 2
- optional Ausführung
  mit zwei zusätzlichen Schukosteckdosen
- mit allstromsensitivem Fehlerstromschutzschalter Typ B
- LS-Schalter integriert
- Schlüsselschalter/externes Steuersignal
- Befestigungs- und Kontaktiereinheit (BKE) für eHZ
- einfaches statisches Lastmanagement
- Autoswitch-Funktion zur automatischen
  Umschaltung der Lastpfade (16 A oder 32 A)
  für entsprechende Ladekabel (nur bei 22 kW)

Bild 1.42
MENNEKES Ladesäule Basic

MENNEKES AC-Ladesäulen Smart T, für den öffentlich zugänglichen Bereich

- TAB-konformer Netzanschluss
- bis zu 2 × 22 kW Ladeleistung
- zwei Steckdosen Typ 2
- Thermomanagement und Steckdosenheizung
- mit Fehlerstromschutzschalter Typ B
- LS-Schalter integriert
- RFID-Reader
- BKE für eHZ und Smart Meter
- eichrechtskonform
- Statusinformation per Klartextdisplay
- Lastmanagement mit ACU
- OCPP-Modem
- Autoswitchfunktion
- weitere Optionen, je nach Variante

Bild 1.43
MENNEKES Ladesäule Smart T

MENNEKES AC-Wandladestationen Premium ativo, Premium 22 und Premium S22

- 22 kW Ladeleistung
- eine Steckdose Typ 2
- optional Ausführung mit zusätzlicher Schukosteckdose
- mit allstromsensitivem Fehlerstromschutzschalter Typ B
- LS-Schalter integriert
- RFID
- Befestigungs- und Kontaktiereinheit (BKE) für eHZ
- eichrechtskonform
- RS 485 eMobility-Gateway oder Smart Ladesystem
- Betrieb mit MENNEKES eMobility-Gateway und einem OCPP-Backendsystem
- Autoswitch-Funktion zur automatischen Umschaltung der Lastpfade (16 A oder 32 A) für entsprechende Ladekabel

Bild 1.44
MENNEKES Wallbox Premium

MENNEKES AC-Wandladestationen Basic 11, Basic 22 und Basic S22 (Einzelplatzlösung)

- 11 kW oder 22 kW Ladeleistung
- eine Steckdose Typ 2
- optional Ausführung mit zusätzlicher Schukosteckdose
- mit allstromsensitivem Fehlerstromschutzschalter Typ B
- LS-Schalter integriert
- Schlüsselschalter/externes Steuersignal
- Befestigungs- und Kontaktiereinheit (BKE) für eHZ
- eichrechtskonform
- Autoswitch-Funktion zur automatischen Umschaltung der Lastpfade (16 A oder 32 A) für entsprechende Ladekabel (nur bei 22 kW)

Bild 1.45
MENNEKES Wallbox Basic 22

MENNEKES AMTRON AC-Wandladestation Herstellerbezeichnung Professional, Professional+ und Professional+ PnC, für Industrie und Gewerbe mit Lastmanagement

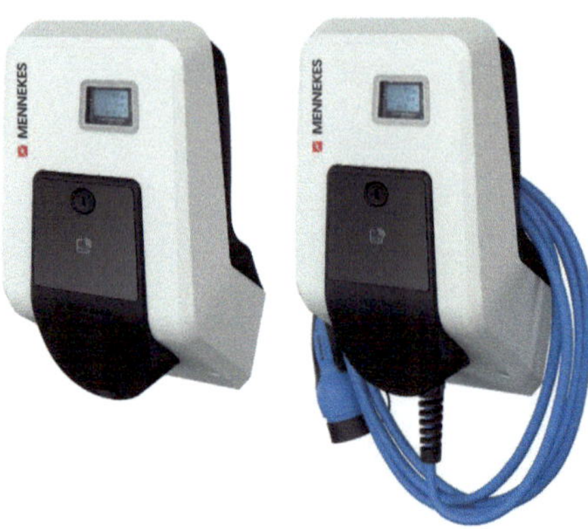

Bild 1.46
MENNEKES AMTRON Wallbox Professional mit Steckdose oder Ladekabel Typ 2

- Ladeleistung bis zu 22 kW
- Variante mit 7,5 m Ladekabel Typ 2 oder Steckdose Typ 2
- mit RCD Typ A und Leitungsschutzschalter
- DC-Fehlerstromerkennung
- RFID-System
- Temperaturüberwachung
- OCPP 1.5s und OCPP 1.6
- MID-zertifizierte Energiezähler inkl. eichrechtskonformer Datenübertragung
- LAN (RJ45), Modem 3G/4G (nur bei Professional+ und + PnC)
- Kommunikation nach ISO 15118 inkl. Plug and Charge (Professional + PnC)
- LED-Statusanzeige, Multifunktionstaster

MENNEKES AMTRON AC-Wandladestation Herstellerbezeichnung Compact 3,7/11 C2

- Ladeleistung 3,7/11 kW, 1 ph/3 ph
- mit 5 m Ladekabel Typ 2 oder mit Steckdose Typ 2
- DC-Fehlerstromerkennung
- Temperaturüberwachung
- Sleep Modus (geringer Standby-Verbrauch)
- einstellbare Ladeleistung für ein einfaches Lastmanagement

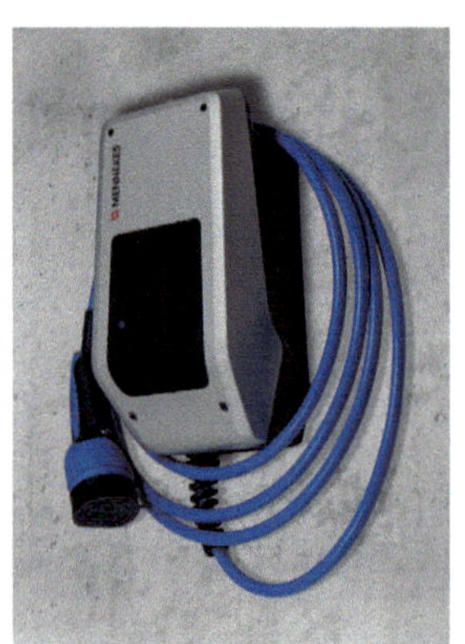

Bild 1.47
MENNEKES AMTRON Wallbox Compact mit Steckdose oder Ladekabel Typ 2

MENNEKES AMTRON AC-Wandladestation Herstellerbezeichnung Xtra und Premium

- Ladeleistung Xtra 11 kW mit Steckdose, Premium 3,7 und 11 kW mit Steckdose
- Ladeleistung Xtra 11 und 22 kW mit 7,5 m Ladekabel Typ 2
- Ladeleistung Premium mit 7,5 m Kabel 3, 7, 11 oder 22 kW
- mit RCD Typ B und Leitungsschutz
- Autorisierung RFID oder Charge App (über LAN oder WLAN)
- geeichter digitaler Energiezähler
- Statistikfunktion über Charge App
- LED-Statusanzeige, Multifunktionstaster

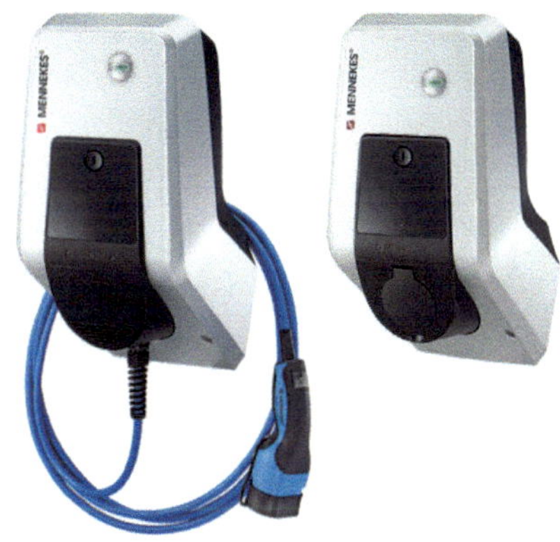

Bild 1.48
MENNEKES AMTRON Wallbox Xtra und Premium mit Kabel bzw. Steckdose Typ 2

MENNEKES AMTRON AC-Wandladestation Herstellerbezeichnung Light und Basic

- Ladeleistung Light 11 kW mit Steckdose, Basic 3, 7 und 11 kW mit Steckdose
- Ladeleistung Light 11 und 22 kW mit 7,5 m Ladekabel Typ 2
- Ladeleistung Basic mit 7,5 m Kabel 3, 7, 11 oder 22 kW
- Schlüsselschalter (nur Basic Variante)
- geeichter digitaler Energiezähler (nur Basic Variante)
- LED-Statusanzeige, Multifunktionstaster

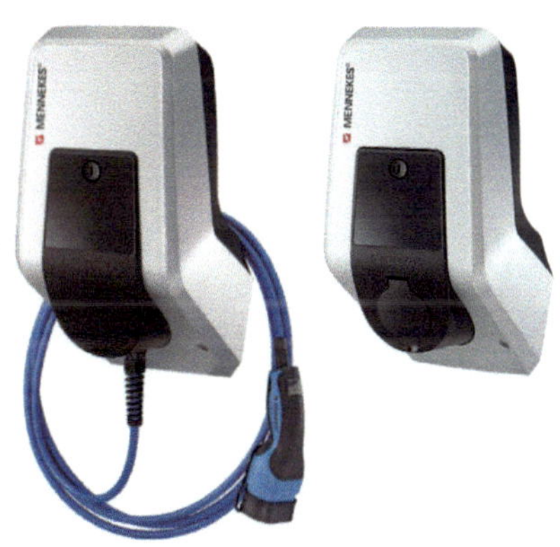

Bild 1.49
MENNEKES AMTRON Wallbox Light und Basic mit Kabel bzw. Steckdose Typ 2

MENNEKES AMTRON AC-Wandladestation Herstellerbezeichnung Light und Start E Parkraum EU

- Ladeleistung 11 kW mit Steckdose
- Ladeleistung 22 kW mit 7,5 m Ladekabel Typ 2
- mit RCD Typ B und Leitungsschutz (nur in der Variante Light E)
- externe Autorisierung
- Meldekontakt
- Statusfunktion über LED-Feld

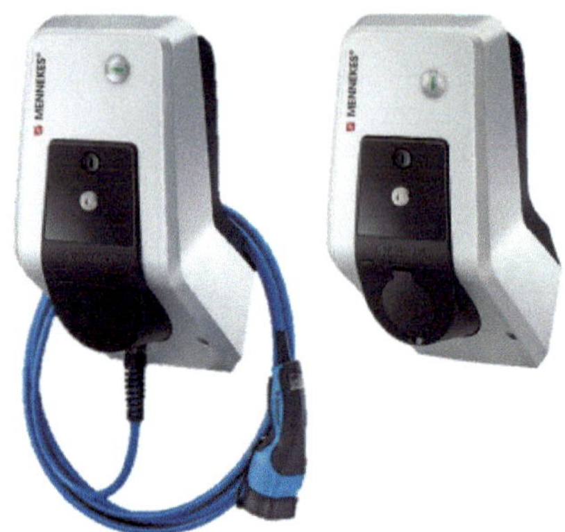

Bild 1.50
MENNEKES AMTRON Wallbox Light und Start Parkraum E mit Kabel bzw. Steckdose Typ 2

Schutzdach für die Edelstahlsäule oder die Betonsäule

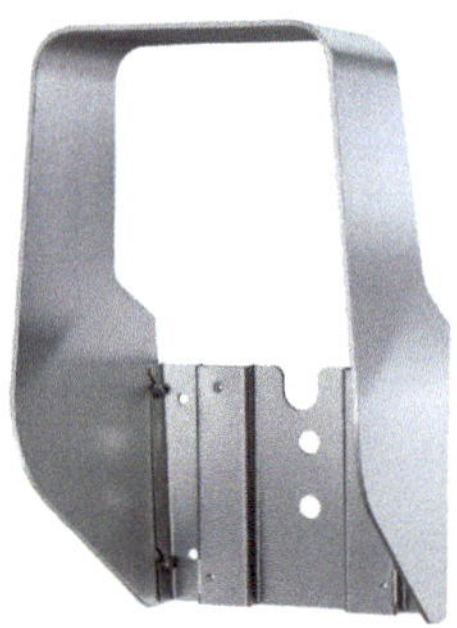

Bild 1.51
MENNEKES Schutzdach für die AMTRON-Wallbox

Säulen und Standfüße

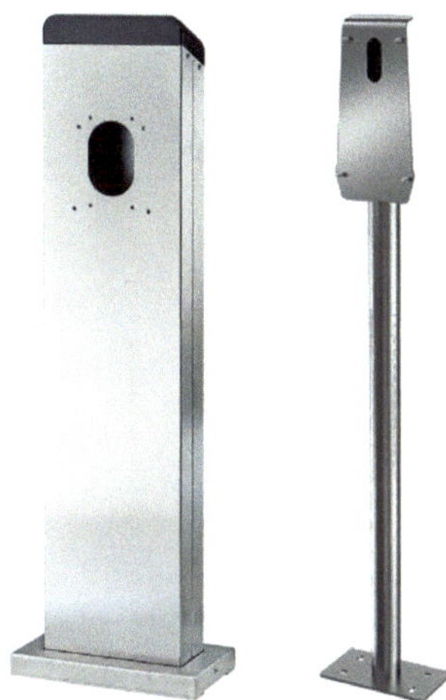

Bild 1.52
MENNEKES Säulen und Standfüße

RFID-Karten

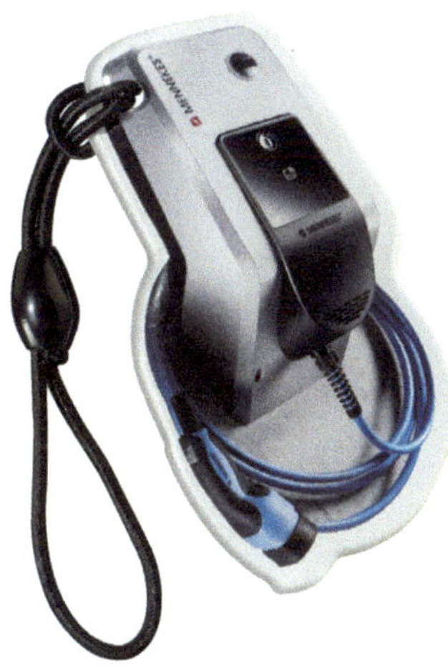

Bild 1.53
MENNEKES RFID-Kartenleser

MENNEKES eMobility Gateway

- leistungsfähiges Gateway
  zur Vernetzung mit bis zu 16 Ladepunkten
  der verschiedenen MENNEKES-Ladesysteme
- OCPP Protokoll
  zur Anbindung an Backend-Systeme

Bild 1.54
MENNEKES eMobility Gateway

Prüfboxen für Ladestationen

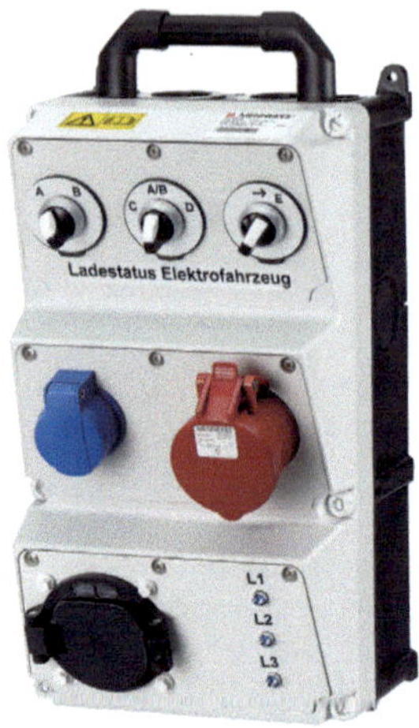

Bild 1.55
MENNEKES Prüfbox universal
für Ladesteckvorrichtung Typ 2

Bild 1.56
MENNEKES Prüfbox Twinlet
für Ladesteckvorrichtungen Typ 1 und Typ 2

Ladekabel
verschiedene Steckervarianten für Netzanschluss und Fahrzeug

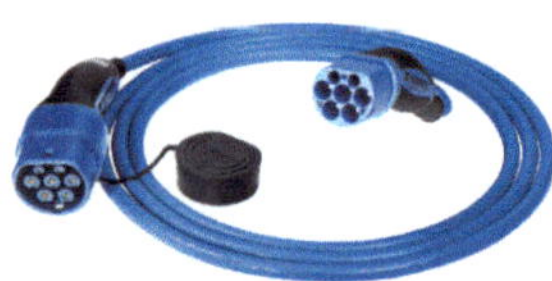

Bild 1.57
MENNEKES Mode 3 Ladekabel, Ladestecker und Ladekupplung Typ 2

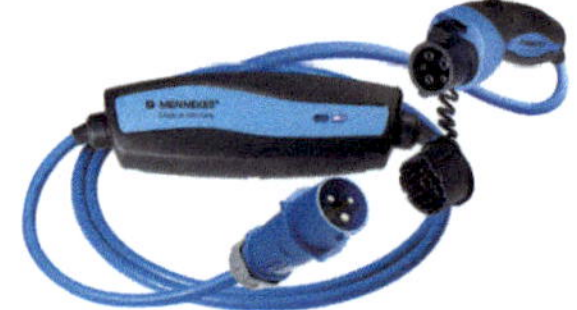

Bild 1.58
MENNEKES Mode 2 Ladekabel Typ 1

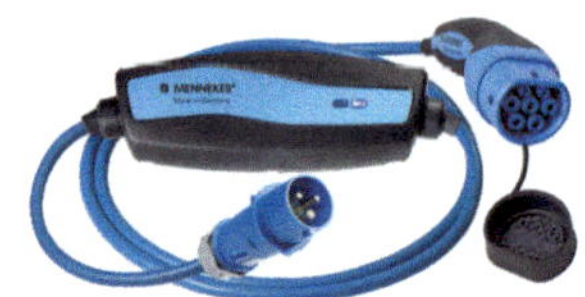

Bild 1.59
MENNEKES Mode 2 Ladekabel Typ 2

Mobile Ladeeinheiten

NRGkick lädt das Elektroauto an jeder Steckdose

NRGkick Varianten mit Typ 2 Fahrzeugstecker

- bis zu 22 kW Ladeleistung, 1-3-phasig, 10 A bis 32 A, CEE 32-A-Stecker
- bis zu 11 kW Ladeleistung, 1-3-phasig, 6 A bis 32 A, CEE 16-A-Stecker

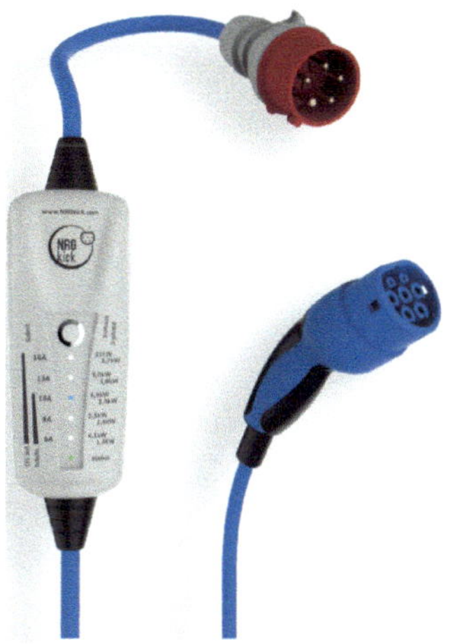

Bild 1.60
NRGkick mobile Ladeeinheit Typ 2 in 11 kW und 22 kW

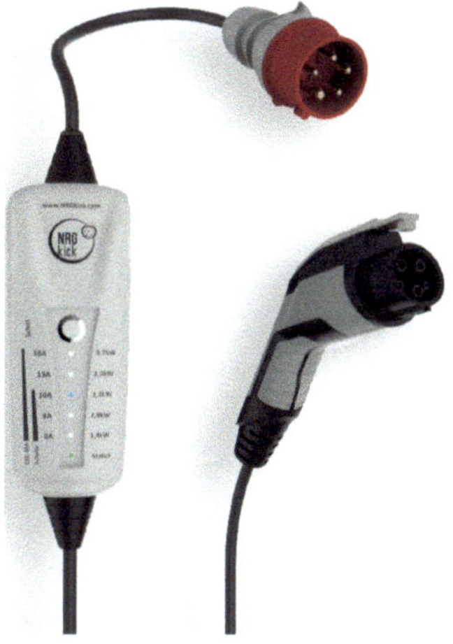

Bild 1.61
NRGkick mobile Ladeeinheit Typ 1 in 16 A

NRGkick Variante mit Typ 1 Fahrzeugstecker

- bis zu 3,7 kW Ladeleistung, 1-phasig, 6 A bis 16 A, CEE 16-A-Stecker
- alle Varianten mittels Adapter zusätzlich einsetzbar an: CEE 16 A, CEE blau 16 A und Schuko
- inklusive Diebstahl- und Manipulationsschutz
- integrierter allstromsensitiver Fehlerstromschutzmechanismus (AC und DC + 6 mA)
- Schutzklasse IP 66 (Ladeeinheit) und IP 54 (CEE-Steckverbindung)
- automatische Adaptererkennung
- Schutzleiterprüfung mittels Schleifenimpedanzmessung
- Schaltkontaktdiagnose
- optional: Erweiterte Steuerungsmöglichkeiten via Bluetooth LE und gratis Smartphone-App, z. B. stufenlose Einstellung der Ladeleistung von 6–32 Ampere, Starten und Beenden der Ladung, Ladestatistiken, Exportfunktion, Gesamtenergiezähler
- Optional: NRGkick Connect – Smart Feature Erweiterung für BLE-Varianten des NRGkick
- Photovoltaik-geführtes Laden – Laden mit Sonnenenergie
- Zugriff von überall via NRGkick Cloud, wöchentliche/monatliche Ladeberichte
- Zeitsteuerung mit persönlichen Ladeprofilen

Zubehör

Bild 1.62
NRGkick Smartphone App

Bild 1.63
NRGkick Erweiterung

NewMotion Home Line

NewMotion Home Standard

- Wallbox 3,7 kW, 1-phasig 16 A
- Steckdose Typ 2
- optional mit festem Ladekabel Typ 1 oder Typ 2
- Plug & Charge

NewMotion Home Fast

- Wallbox bis 7,4 kW/22 kW, 1-phasig/3-phasig
- Steckdose Typ 2
- optional mit festem Ladekabel
- Plug & Charge

NewMotion Home Advanced 2.1 oder Home Advanced View

- Wallbox bis zu 22 kW
- Steckdose Typ 2
- optional mit festem Ladekabel Typ 1 oder Typ 2 (nicht bei der Variante View)
- Authentifizierung RFID-Karte
- MID-Zähler (die View-Serie ist eichrechtskonform)
- dynamisches Powermanagement-Home

Bild 1.64
NewMotion Wallbox mit Steckdose Typ 2

Bild 1.65
NewMotion Wallbox Advanced View

NewMotion Business Pro (primäre Ladestation) oder Business Pro View für den öffentlichen und halböffentlichen Bereich

- Wallbox bis zu 22 kW
- View-Serie ist eichrechtskonform
- Steckdose Typ 2
- Authentifizierung RFID-Karte
- MID-Zähler
- Dynamic Power Sharing mit mehreren Ladestationen

Bild 1.66
NewMotion Business Pro auf kurzem Montagemast, zweifache Belegung

NewMotion Business Lite (sekundäre Ladestation) oder Business Lite View für den öffentlichen und halböffentlichen Bereich

- Wallbox bis zu 22 kW
- View-Serie ist eichrechtskonform
- Steckdose Typ 2
- Authentifizierung RFID-Karte
- MID-Zähler
- Dynamic Power Sharing mit mehreren Ladestationen (vernetzt mit einer Business Pro/Business Pro View)

Zubehör

- Montagemasten in unterschiedlichen Längen, auch zweifach nutzbar
- Hinweisschilder
- unterschiedliche RAL-Farben
- NewMotion Ladekarte
- alle Varianten sind steuer- und einsehbar über das Online-Benutzerportal

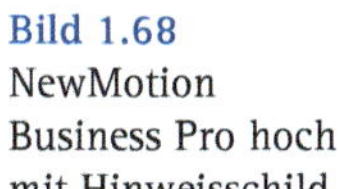

Bild 1.67
NewMotion
kurzer Montagemast

Bild 1.68
NewMotion
Business Pro hoch
mit Hinweisschild

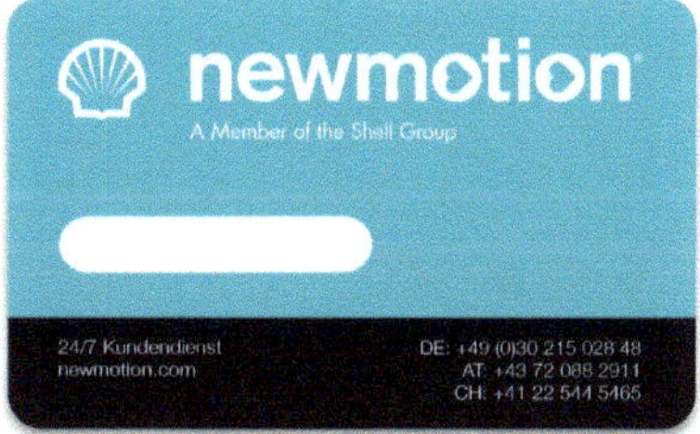

Bild 1.69
NewMotion
Ladekarte

AC-Ladesäule Walther-Werke Ecolectra 250 M2+, S2+, M2, S2, M2 Basic

- 22 kW Ladeleistung je Ladepunkt
- 2 Ladepunkte
- optional 2 Steckdosen Typ 2 bzw. Kupplungen Typ 2
- mit allstromsensitivem Fehlerstromschutzschalter
- LS-Schalter integriert
- RFID
- MID-Zähler
- Überspannungsschutz
- optional eichrechtskonform
- Master- oder Slave-Variante
- optional Backend-Anbindung
- OCPP1.6
- Ethernet

Bild 1.70
Walther Ladesäule Ecolectra 250

AC-Ladesäule Walther-Werke Evolution 350 M2+, S2+, M2, S2

- 22 kW Ladeleistung je Ladepunkt
- 2 Ladepunkte
- 2 Steckdosen Typ 2
- mit allstromsensitivem Fehlerstromschutzschalter
- LS-Schalter integriert
- RFID
- MID-Zähler
- Überspannungsschutz
- optional eichrechtskonform
- Master- oder Slave-Variante
- Backend-Anbindung
- OCPP1.6
- Ethernet

Bild 1.71
Walther Ladesäule Evolution 350

AC-Ladesäule Walther-Werke Ecolectra 600 T2+ (50 A), T2+ (70 A)

- 22 kW Ladeleistung je Ladepunkt
- 2 Ladepunkte
- 2 Steckdosen Typ 2
- mit allstromsensitivem Fehlerstromschutzschalter
- LS-Schalter integriert
- RFID
- MID-Zähler
- TAB-konformer Netzanschluss
- Zählerplätze 1 bzw. 2 (je nach Variante)
- Überspannungsschutz
- optional eichrechtskonform
- Master- oder Slave-Variante
- Backend Anbindung
- OCPP1.6
- Ethernet

Bild 1.72
Walther Ladesäule Ecolectra 600

AC-Wallbox Walther-Werke basicEVO

- 11 kW Ladeleistung
- stufenweise Eingrenzung auf 7,2 oder 3,7 oder 2,1 kW möglich
- Ladekabel Typ 2
- DC-Fehlerstromerkennung
- LS-Schalter integriert
- Plug'n Charge

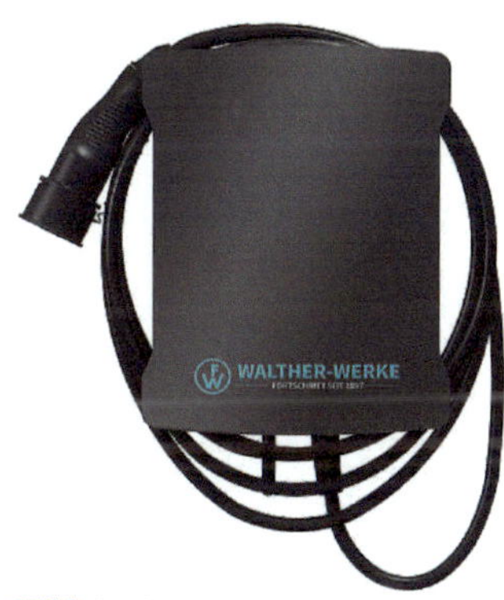

Bild 1.73
Walther Wallbox basicEVO

AC-Wallbox Walther-Werke systemEVO M2+, M1+, S“+, S1+

- Leistung je Ladepunkt 22 kW
- eichrechtskonform
- Master oder Slave, je nach Variante
- 1 oder 2 Ladepunkte, je nach Variante
- Ladesteckdose Typ 2 oder Kupplung
- FI/LS-Schalter
- MID-Energiezähler
- RFID
- Ethernet
- Backend-Anbindung je nach Variante
- OCPP 1.6 je nach Variante

Bild 1.74
Walther Wallbox systemEVO

Mode 3 Ladekabel in verschiedenen Ausführungen

- Typ 2
- Typ 2 auf Typ 1
- für unterschiedliche Ladeleistungen

Bild 1.75
Walther Anschlusskabel Typ 2

Walther EV-Tester/Simulator für AC-Ladeinfrastruktur

- Messkoffer oder Handgerät
- für die Inbetriebnahme und Wartung
- unterschiedliche Ausführungen

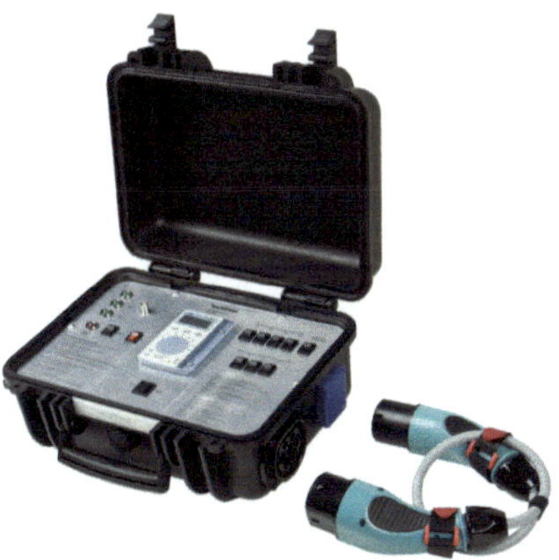

Bild 1.76
Walther EV-Tester Koffergerät

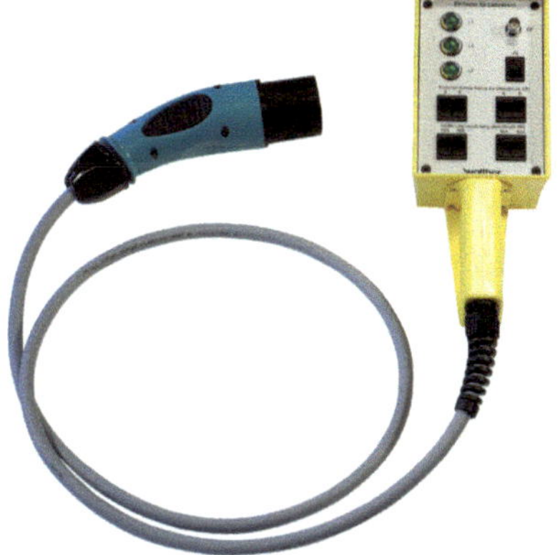

Bild 1.77
Walther EV-Tester Handgerät

Weitere Informationen zu den Produkten erhalten Sie von den einzelnen Herstellern. Kontaktdaten siehe Anhang.

1.5.2 Die Ladesäulenverordnung

Die Ladesäulenverordnung (LSV) dient der Vereinfachung der Aufladung eines Elektrofahrzeugs und sorgt für einen einheitlichen Standard bei der Ladeinfrastruktur. Sie gilt nicht nur im öffentlichen, sondern auch im halböffentlichen Bereich, wenn die Ladestationen im öffentlichen Straßenraum oder auf privatem Grund installiert sind.

Wesentliche Aspekte finden Sie in der folgenden Zusammenfassung der Ladesäulenverordnung vom 1.6.2017 mit der novellierten Fassung vom 10.11.2021. Den genauen Text finden Sie im Anhang dieses Buches sowie unter folgendem Link im Internet: www.gesetze-im-internet.de/lsv/index.html. Die Ladesäulenverordnung trat am 17.3.2016 in Kraft und wurde im Juni 2017 erstmals geändert. Die zweite Änderung hat jetzt Gültigkeit seit dem 1.1.2022.

1.5.2.1 Inhalte der Ladesäulenverordnung und Erklärungen

Zum § 1 Anwendungsbereich

Die Ladesäulenverordnung (LSV) soll den sicheren und kompatiblen Aufbau sowie den Betrieb von öffentlich zugänglichen Ladepunkten für Elektrofahrzeuge regeln. Dazu gehören die Authentifizierung, Nutzung und Bezahlung am Ladepunkt. *Nach einer EU-Richtlinie 2014/94/EU des europäischen Parlaments und des Rates vom 22. Oktober 2014 über den Aufbau der Infrastruktur für alternative Kraftstoffe.*

Zum § 2 Begriffsbestimmungen

Diese Verordnung gilt für Elektrofahrzeuge als reine Elektrofahrzeuge mit einem Batteriespeicher sowie für Hybridelektrofahrzeuge, die von außen aufgeladen werden können. Die Fahrzeuge müssen so beschaffen sein, dass sie mit der Fahrerlaubnis Klasse B im Inland gefahren werden dürfen.

Im § 2 wird der Ladepunkt definiert: Ein Ladepunkt dient der Aufladung eines jeweils einzelnen Elektrofahrzeuges. Als weiteres wird hier die Größe des Ladepunktes beschrieben. Ein Normalladepunkt hat eine Ladeleistung von höchstens 22 kW und ein Schnellladepunkt hat eine Ladeleistung, die größer als 22 kW ist.

Ladepunkte sind öffentlich zugänglich, wenn sie sich im öffentlichen Straßenraum befinden oder auf privatem Grund, falls die Ladepunkte von einem unbestimmten oder nach allgemeinen Merkmalen bestimmbaren Personenkreis genutzt werden können.

Es sei denn, der Betreiber hat am Ladepunkt oder unmittelbarer räumlicher Nähe zum Ladepunkt durch eine deutlich sichtbare Kennzeichnung oder Beschilderung die Nutzung auf einen individuell bestimmten Personenkreis beschränkt. Der Personenkreis wird nicht allein dadurch bestimmt, dass die Nutzung des Ladepunktes von einer Anmeldung oder Registrierung abhängig gemacht wird.

Sind es z. B. Parkplätze für Kunden oder Hotelgäste (hier gilt die Definition, ob es ein bestimmbarer oder unbestimmbarer Personenkreis ist), gelten diese als öffentlich zugänglich.

Nur Privatparkplätze oder Mitarbeiterparkplätze gehören nicht dazu, da sie für einen fremden Personenkreis unzugänglich sind. Diese Verordnung gilt für die Errichtung sowie den Auf- und Umbau eines Ladepunktes.

Die regulierende Behörde ist die Bundesnetzagentur für Elektrizität, Gas, Telekommunikation, Post und Eisenbahnen.

Als Betreiber wird definiert, wer unter rechtlichen, wirtschaftlichen und tatsächlichen Umständen Einfluss auf den Betrieb des Ladepunktes ausübt.

Zum § 3 Mindestanforderungen an die technische Sicherheit und Interoperabilität

Beim Aufbau von Wechselstromladepunkten (Normal- und Schnellladepunkten) muss aus Gründen der Kompatibilität der Typ-2-Stecker als Standard eingehalten werden. Dies kann mit einer Steckdose Typ 2 oder mit einem festen Anschlusskabel am Ladepunkt mit einer Typ-2-Kupplung erfolgen. Bei dem Gleichstromladepunkt (Normal- und Schnellladepunkt) ist der CCS-Stecker als Standard (Combo Stecker 2) einzusetzen. Die technischen Anforderungen für die Sicherheit von Energieanlagen sind im Energiewirtschaftsgesetz § 49 geregelt.

Die Ausstattung mit den geforderten Stecksystemen bezieht sich nicht auf kabellose Ladesysteme, die induktiv betrieben werden.

Beim Aufbau von Ladepunkten muss sichergestellt werden, dass eine standardisierte Schnittstelle vorhanden ist, mithilfe derer Autorisierungs- und Abrechnungsdaten sowie dynamische Daten zur Betriebsbereitschaft und zum Belegungsstatus übermittelt werden können.

Ab der Feststellung der technischen Möglichkeit durch das Bundesamt für Sicherheit in der Informationstechnik nach § 30 des Messstellenbetriebsgesetzes von 2016, das durch Artikel 10 des Gesetzes vom 16.7.2021 geändert worden ist, muss bei dem Aufbau von Ladepunkten sichergestellt werden, dass energiewirtschaftlich relevante Mess- und Steuerungsvorgänge über ein Smart-Meter-Gateway entsprechend den Anforderungen des Energiewirtschaftsgesetzes und des Messstellenbetriebsgesetzes abgewickelt werden können.

Zum § 4 Punktuelles Aufladen

Der Betreiber eines Ladepunktes hat dem Nutzer eines Elektrofahrzeuges das punktuelle Aufladen seines Fahrzeuges zu ermöglichen, auch wenn er sich nicht authentifizieren kann. Genauso wenig muss beim punktuellen Aufladen ein Vertrag mit einem Elektrizitätsversorgungsunternehmen bestehen.

Der Strom für die punktuelle Aufladung des Elektrofahrzeuges kann ohne direkte Gegenleistung, gegen Zahlung mittels Bargeld in unmittelbarer Nähe zum Ladepunkt oder mit einer bargeldlosen Zahlungsweise über eine Authentifizierung eines Kartensystems bzw. webbasierten Systems erfolgen. Die Menüführung solcher Systeme sollte mindestens in Deutsch und Englisch erfolgen. Mindestens eine Variante des Zugangs zum webbasierten Zahlungssystem muss kostenlos ermöglicht werden.

Zum § 5 Anzeige- und Nachweispflichten

Die Betreiber von Normal- und Schnellladepunkten, die unter die Gültigkeit der Ladesäulenverordnung fallen, sind verpflichtet, den Aufbau von Ladepunkten der Behörde (Bundesnetzagentur) elektronisch anzuzeigen. Die Anzeige muss mindestens zwei Wochen nach Inbetriebnahme erfolgen. Bei den Außerbetriebnahmen gilt die unverzügliche Meldung bei der Bundesnetzagentur.

Die Betreiber der Schnellladepunkte müssen (mit beigefügten geeigneten Unterlagen) nachweisen, dass der geforderte Stecker Standard (Typ 2 bei Schnellladepunkten und CCS-Combo beim Gleichstromladen) bei Inbetriebnahme und auf Anfrage der Regulierungsbehörde eingehalten wird und die Anlage nach den gültigen Regeln der Technik sowie den Richtlinien des Energiewirtschaftsgesetzes (49 EnWG) aufgebaut wird. Das gilt für den Aufbau und auf Anforderung der Regulierungsbehörde auch für den Betrieb von Schnellladepunkten.

Anlagen mit Schnellladepunkten, die vor dem Inkrafttreten dieser Verordnung in Betrieb genommen wurden, sind vom Betreiber bei der Bundesnetzagentur anzuzeigen. Die Einhaltung der technischen Anforderungen ist wiederum mit geeigneten Unterlagen nachzuweisen.

Werden bestehende Schnellladepunkte durch diese Verordnung öffentlich zugänglich, gilt die gleiche Vorgehensweise wie beim Aufbau von Schnellladepunkten. Beim Betreiberwechsel sind wieder die technischen Anforderungen einzuhalten und nachzuweisen.

Zum § 6 Kompetenzen der Regulierungsbehörde

Die Regulierungsbehörde hat das Recht, die Einhaltung der technischen Anforderungen an den Schnellladepunkten regelmäßig zu prüfen und bei der Nichteinhaltung der Anforderungen und des technischen Nachweises den Betrieb zu untersagen.

§ 7 Ladepunkte mit geringer Ladeleistung

Ladepunkte mit einer Leistung von höchstens 3,7 kW sind von den Anforderungen der §§ 3 bis 6 ausgenommen.

Zum § 8 Übergangsregelung

Dieser Paragraph enthält Übergangsregelungen zu Ladepunkten, die vor 2016, 2017 bzw. März 2022 in Betrieb genommen wurden.

Pflichten nach Inkrafttreten der Ladesäulenverordnung (LSV) seit dem 17.03.2016

Tabelle 1.4 Pflichten laut Ladesäulenverordnung (Quelle: Bundesnetzagentur, eigene Darstellung)

	Installation	Anzeigepflicht	Nachweispflicht	Einheitliche Stecker
Normalladepunkt < 22 kW	Nach Inkrafttreten der LSV	ja	nein	Ab 17.06.2016 ja
	Vor Inkrafttreten der LSV	nein	nein	nein
Schnellladepunkt > 22 kW	Nach Inkrafttreten der LSV	ja	Techn. Anforderungen nach § 3 II, III LSV Allg. techn. Anforderungen nach § 49 EnWG, § 3 IV S. 1 LSV	Ab 17.06.2016 ja
	Vor Inkrafttreten der LSV	ja	Allg. techn. Anforderungen nach § 49 EnWG, § 3 IV S. 1 LSV	nein

Die Anmeldung kann online, auf der Seite der Bundesnetzagentur, mit dem Online-Formular zur Anzeige von Ladepunkten erfolgen. Zusätzlich sind dort auch die Formulare für die Konformitätserklärung sowie das Inbetriebnahme-Protokoll zu finden.

Alle bei der Bundesnetzagentur angemeldeten Anlagen findet man mit Angabe des Betreibers, des Aufstellortes, der Anschlussgröße, Art und Anzahl der Ladepunkte sowie der eingesetzten Steckvorrichtung auf der Ladesäulenkarte und in einer fortlaufend aktualisierten Ladesäulenliste.

Zusammenfassend ist festzuhalten, dass die Nutzer von Elektroautos die Gewissheit haben müssen, ihr Fahrzeug immer und überall laden zu können. Dafür ist die Ladesäulenverordnung von der Bundesregierung überarbeitet worden. Die Novelle trat am 1.1.2022 in Kraft.

Ziel der Änderungsverordnung ist der Aufbau und der Betrieb einer bedarfsgerechten und nutzerfreundlichen interoperablen Ladeinfrastruktur mit einheitlichem Bezahlsystem.

Neu errichtete Ladepunkte müssen ab dem 1.7.2023 über eine Schnittstelle verfügen, die genutzt werden kann, um Standortinformationen und dynamische Daten wie den Belegungsstatus und die Betriebsbereitschaft zu übermitteln.

Der Betreiber eines öffentlichen zugänglichen Ladepunktes hat an dem jeweiligen Ladepunkt oder in dessen unmittelbarer Nähe die für den bargeldlosen Zahlungsvorgang erforderliche Authentifizierung zu ermöglichen und einen kontaktlosen Zahlungsvorgang mindestens mittels eines gängigen Debit- und Kreditkartensystems anzubieten. Neben dem Zahlen mit Kredit- und Debitkarte können die Betreiber selbstverständlich weiterhin auch alternative Zahlungsmöglichkeiten – wie webbasierte Systeme über eine App oder mit QR-Code – anbieten.

Außerdem werden Normalladepunkte mit ausschließlich fest angeschlossenem Ladekabel zugelassen und der Anwendungsbereich der Ladesäulenverordnung wird auf Nutzfahrzeuge erweitert.

Die Anbieter haben bis Mitte 2023 Zeit, Ladesäulen, die den neuen Anforderungen entsprechen, zu entwickeln und zuzulassen.

Bestehende Ladesäulen müssen nicht nachgerüstet werden.

Aus dem Energiewirtschaftsgesetz EnWG § 49, Anforderungen an Energieanlagen

„Energieanlagen sind so zu errichten und zu betreiben, dass die technische Sicherheit gewährleistet ist. Dabei sind die gültigen Regeln der Technik zu beachten. Bei der Elektrotechnik sind die Regeln vom Verband der Elektrotechnik, Elektronik und Informationstechnik e. V. einzuhalten.

Das Bundesministerium für Wirtschaft und Energie darf zur Gewährleistung der technischen Sicherheit und der Flexibilität von Energieanlagen bestimmte Anforderungen festlegen. Dazu gehören bei der Elektromobilität die Kompatibilität von Schnellladepunkten sowie bei Errichtung und Betrieb die Anforderungen an die Sicherheit.

Das Verwaltungsverfahren bestimmt, dass diese Anlagen vor der Anlagenerrichtung, der Inbetriebnahme oder der Anlagenänderung angezeigt werden müssen. Ebenso ist hier festgelegt, dass bei der Anzeige bestimmte Unterlagen als Nachweis beigefügt werden müssen und dass mit der Errichtung und dem Betrieb erst nach Ablauf bestimmter Prüffristen begonnen werden darf. Die Prüfungen und ggf. die Überprüfungen erfolgen durch behördlich anerkannte Sachverständige. Wenn die Anlagen nicht den Anforderungen der Rechtsverordnung entsprechen, darf die Behörde den Bau und den Betrieb untersagen."

Den genauen Wortlaut des § 49 Energiewirtschaftsgesetz kann man unter dem Link www.gesetze-im-internet.de/enwg_2005/__49.html nachlesen.

Fazit: Durch die Ladesäulenverordnung wird, gerade im öffentlichen und halböffentlichen Bereich, ein Standard geschaffen, der vieles für die Fahrzeugnutzer vereinfacht.

1.6 Fahrzeugbeispiele der aktuell in Deutschland verfügbaren Modelle

Die folgenden Übersichtslisten (Tabelle 1.5 und 1.6) entsprechen dem Stand 2020. Da fast täglich neue Fahrzeugtypen zugelassen werden, informieren Sie sich über die aktuellen Daten vorzugsweise bei der BAFA und den Fahrzeugherstellern.

1.6.1 Aktuelle Beispiele mit den verschiedenen Steckersystemen und der maximalen Ladezeit

Die Produktvielfalt ist in diesem Bereich sehr hoch. Neben nationalen Herstellern bereichern Hersteller aus der ganzen Welt mit ihren Fahrzeugen den Markt in Deutschland. So unterschiedlich die Fahrzeuge sind, gemeinsam ist ihnen, dass sie mit Strom betrieben werden, der vorher in Akkumulatoren gespeichert werden muss.

Generell werden die Elektrofahrzeuge als EV (Electric Vehicle) bezeichnet. Die Fahrzeugtypen werden jedoch noch weiter unterschieden. Da sind einmal

- die reinen Plug-In-Elektrofahrzeuge BEV (Battery Electric Vehicle) mit entsprechenden Anschluss-Steckdosen,
- die Hybrid-Fahrzeuge HEV (Hybrid Electric Vehicle), die keinen externen Stromanschluss benötigen, weil die Akkumulatoren während der Fahrt mit dem Verbrennungsmotor wieder aufgeladen werden, und
- die Plug-In-Hybridfahrzeuge PHEV (Plug-In Hybrid Electric Vehicle), die wiederum eine Steckdose zum Aufladen haben und auch vom Verbrennungsmotor aufgeladen werden können.
- Dazu kommen noch die Varianten REEV (Range-Extended Electric Vehicle), bei denen ein kleiner Verbrennungsmotor den Elektromotor unterstützt und diese Leistung dann auch parallel abgeben kann.

Diese Fahrzeuge können, wie zuvor bereits beschrieben, unterschiedliche Steckersysteme, verschiedene Onboard-Ladegeräte und optional auch einen Gleichstromanschluss haben.

Als nächstes finden wir unterschiedlich große Energiespeicher, die zusammen mit der Leistungsgröße des elektrischen Antriebes die zurückzulegende Fahrstrecke beeinflussen. Aus einigen dieser Parameter ergibt sich auch die benötigte Größe des Ladegerätes und die erforderliche Ladezeit, um das Fahrzeug wieder aufzuladen. Bei der Planung der Ladestation sind diese Faktoren zu berücksichtigen.

In den Tabellen 1.5 und 1.6 sind Beispiele einiger Fahrzeuge aufgeführt, die heute im Markt angeboten werden. Diese Listen stellen eine Momentaufnahme dar, da gerade im Bereich der Elektromobilität täglich Änderungen, in Bezug auf die Akkuleistung und die dadurch resultierende Fahrleistung, entstehen. Informieren Sie sich am besten vorher bei den Herstellern, ob sich bei dem ausgewählten Fahrzeug der Ladestecker oder die Leistungsgröße des Ladegerätes geändert hat.

Spätestens seit dem Abgasskandal der Dieselfahrzeuge im Jahr 2017 bei den deutschen Automobilherstellern erfolgt seitens der Kunden ein Umdenken. Die Hersteller reagieren jetzt und bringen neue Fahrzeuge mit größeren Akkumulatoren auf den Markt.

Die Fahrleistungen in Bezug auf die Fahrstrecke werden größer und das Inboard-Ladegerät kann höhere Leistungen übertragen.

Die Tabelle 1.6 zeigt eine Liste (Auszug) der förderfähigen Elektrofahrzeuge, herausgegeben vom BAFA. Mehr zu diesem Thema ist auf dessen Website www.bafa.de unter Energie → Energieeffizienz → Elektromobilität → Fahrzeuglistung zu finden.

Bitte unbedingt die technischen Daten der Hersteller beachten. Die Hersteller geben Ladeleistungen von 2,3 bis 22 kW vor, abhängig vom integrierten AC-Ladegerät (AC-Onboardlader). Einphasig sind Leistungen ab 2,3 bis 7,2 kW vorgegeben. Bei der Umsetzung sind die Vorgaben der Netzbetreiber zu beachten. Es gilt immer noch die Schieflastgrenze von 4,6 kW. Unter Umständen lässt ein Netzbetreiber auch größere Leistungen als 4,6 kW in seinem Versorgungsgebiet zu.

An öffentlichen Ladestationen ist oft die höhere Leistung einphasig realisierbar. Die DC-Ladung mit dem CCS-Stecker bzw. dem CHAdeMO DC-Stecksystem ist bei einigen Herstellern eine Zusatzoption.

Leider haben auf Nachfrage nicht alle Hersteller die Angaben zur Ladeleistung genannt (s. Tabelle 1.5). Der Verbrauch und die Reichweite werden inzwischen nach WLTP-Standard angegeben. Fast jeder Fahrzeughersteller bietet heute Lösungen für die Aufladung an, von der mobilen Ladestation bis zur Wallbox.

Bitte immer die einschlägigen VDE-Vorschriften in Bezug auf die richtige Absicherung, die erforderlichen Mindestquerschnitte und die Fehlerstrom-Schutzeinrichtung beachten.

Tabelle 1.5 Beispiele von Elektrofahrzeugen, die zur Zeit in Deutschland angeboten werden, Stand August 2020 (Daten laut Herstellerangaben, Adressen siehe Anhang)

Hersteller	Type	Akku-leistung in kWh	Lade-stecker AC	Lade-stecker DC	Verbrauch in kWh/ 100 km	Reichweite nach WLTP in km	Charger AC/DC
Addax Motors	MTN	14,4	k. A.	k. A.	k. A.	114–132	3,7 kW/k. A.
Aiways	U5	63	Typ 2	k. A.	13,8	400	6,6 kW/90 kW
Audi	e-tron 50 quattro	71	Typ 2	CCS	21,6–26,3	347	11 kW/120 kW
BMW*	i3, i3S	27,2–42,2	Typ 2	CCS	12,6–14,3	bis 300	11 kW/k. A.
Citroen	C-Zero	14,5	Typ 1	CHAdeMO	12,6	150	3,7 kW/50 kW
Citroen	Berlingo	22,5	Typ 1	CHAdeMO	17,7	170	3,7 kW/50 kW
DS Automobiles	DS3 Crossback	50	Typ 2	CHAdeMO	15,6	320	11 kW/100 kW
e.GO	Life First	17,9	Typ 2		12,1	142	3,7 kW
Fiat	Neuer Fiat 500	40 k. A.	Typ 2	CCS	13,3	320	2,3 kW/85 kW
Honda	Honda e MY20	35,5	Typ 2	CCS	19	200	4,6 kW/50 kW
Jaguar	I-Pace EV320 SE	90	Typ 2	CCS	22–25,2	480	4,6 kW/100 kW
Kia**	Soul EV	30	Typ 1	CHAdeMO	14,3	250	max. 6,6 kW/100 kW
Mercedes Benz	EQC 400	80		CCS	20,2–21,3	400	7,4 kW/110 kW
Mini	Cooper SE 3-Türer	36	Typ 2	CCS	14,1	242–270	bis 11 kW/50 kW
Nissan***	Leaf 2.ZERO	40	Typ 2	CHAdeMO	17	378	6,6 kW/50 kW
Nissan	E-NV200	24	Typ 1	CHAdeMO	15–16,5	163	3,6 kW/50 kW
Opel	Corsa-e	50	Typ 2	CCS	15,2	337	11 kW/100 kW
Peugot	E2008 allure	50	Typ 2	CCS	17,6	320	22 kW/100 kW
Piaggio (NFZ)	Porter Elektro	17	k. A.		24	70	3,7 kW
Polestar	Polestar 2	78	Typ 2	CCS angenommen	19,3	470	11 kW7 150 kW
Renault	Kangoo	22 und 33	Typ 2		14 und 15,2	170 und 270	22 kW
Renault	Zoe	22 und 41	Typ 2		13,3 und 14,6	240–403	22 kW
Seat	Mii electric	36,8	Typ 2	CCS	14,2	260	7,2 kW/40 kW
Skoda	Citigo2	36,8	Typ 2	CCS	13,9	258	7,2 kW/40 kW
Smart	fortwo	17,6	Typ 2		12,9	160	4,6 kW
Streetscooter	Work	17,6	Typ 2		13,1	155	
Tesla	Model S						
Volkswagen	ABT e-Caddy	35,8	Typ 2	CCS	12,7	300	7,2 kW/40 kW
Volkswagen	e-Up	32,3	Typ 2	CCS	11,7	260	3,7 kW/40 kW
Volvo	XC40 AWD..	78	Typ 2	CCS	22	400	11 kW/150 kW
Zhidou	DS2	18	Typ 2		11,5	156	3,3 kW/k. A.

Anmerkungen zur Tabelle 1.5

* Das Ladegerät im BMW i3 mit dem 60 Ah Akku ist ein einphasiges Ladegerät mit 3,6 kW und 7,2 kW. Die Variante mit 7,2 kW darf, aufgrund der Schieflastgrenze, beim Laden zu Hause nur nach Rücksprache mit dem Versorgungsnetzbetreiber betrieben werden. An öffentlichen Ladepunkten ist die volle Ladung meistens möglich. Der BMW i3 mit dem 94 Ah Akku hat einen dreiphasigen Anschluss mit 11 kW oder einphasig mit 3,7 kW Leistung.

** Sonderausstattung beim KiaSoul EV max. 100 kE DC-Aufladung

*** Das Nissan-Ladegerät hat einen einphasigen Onboardlader mit 6,6 kW. Allerdings ist diese Variante nur nach Rücksprache und Freigabe vom Versorgungsnetzbetreiber und mit einem geeigneten Stecker sowie dem entsprechenden Kabel mit höherem Querschnitt nutzbar.

Tabelle 1.6 Übersicht förderfähiger Elektrofahrzeuge (nur BEV und PHEV) (Auszug) (Quelle: BAFA, Stand: 14.08.20)

Fahrzeug-hersteller	Fahrzeugtyp reines Batteriefahrzeug (BEV)	Fahrzeugtyp Plug-in-Hybrid-Fahrzeug (PHEV)
Addax Motors	Addax MTN Chassis-Cabine	
Aiways	U5 Premium und Standard, versch. Modelljahre	
Audi	e-tron 50 quattro, advanced, Sportback, S-Line	A3 Sportback 40e-tron, A6 Avant, A7 und Q7
BMW	BMW i3, BMW i3S, versch. Modelle	225xe, 330xe, X3 xDrive, X5 xDrive, versch. Modelle
Citroen	C-Zero, Berlingo, E-Mehari, versch. Modelle	C5 Aircross Hybrid 225, versch. Varianten
DS Automobiles	DS 3 Crossback E-Tense, So chic, Performance, versch. Modelle	D7 Crossback E-Tense 4 × 4 Be Chic, So Chick, Grand Chick
e.GO	Life first Edition, versch. Modelle	
Esagno Energia s.r.l.	MB33-Grifo, PL25-Gastone, PS25-Gastone	
EVUM	aCar First mover und aCar, versch. Varianten	
Fiat	Neuer Fiat 500 Cabrio la Prima, 500 la Prima, versch. Modelle	
Ford		Explorer Platinum, ST-Line, Kuga, Tourneo, Transit Custom
Goupil	G4L, G4M, G5 und G6, versch. Varianten	
Honda	Honda e MY20	
Hyundai	IONIQ und KONA Elektro, Tend, Style, Premium, DAB+	IONIC Plug-in-Hybrid, verschiedene Modelle
Jeep		Compass und renegade PHEV First Ed., Limited, S, Trailhawk
JAC	e-2S	
Jaguar	I-Pace EV320 SE, EV 400 S, versch. Modelljahre	
Kia	Soul EV, Play, Plug, e-Niro, e-Soul, Edition 7, Spirit, Vision	Creed Sportwagon Pug-in-Hybrid, Creed Xceed, Optima u. a.
Land Rover		Discovery Sport P300e, Evoque P300e, versch. Varianten
LEVC		TX ICON und TX VISTA, versch. Modelle

Tabelle 1.6 (*Fortsetzung*) Übersicht förderfähiger Elektrofahrzeuge (nur BEV und PHEV) (Auszug) (Quelle: BAFA, Stand: 14.08.20)

Fahrzeug-hersteller	Fahrzeugtyp reines Batteriefahrzeug (BEV)	Fahrzeugtyp Plug-in-Hybrid-Fahrzeug (PHEV)
MAN	TGE 3.140E	
Maxus	EV80 Panel Van, Chassis Cabin, High Roof, Mid Roof, versch. Modelle	
Mazda	MX-30	
Mercedes Benz	EQC400 4 MATIC, EQC300, eVito, eSprinter, versch. Varianten	A250e, B250e, CLA250e, C300e, E300e, GLA250 u. a.
Mini	Cooper SE 3-Türer	Cooper SE Countryman, versch. Modelljahre
Mitsubishi		Outlander Plug-in-Hybrid, Plus, Top, versch. Varianten
Nissan	Leaf, e-NV200, versch. Modelle	
Opel	Ampera-e, Corsa-e, Vivaro-e Cargo, Zafira Life-e, versch. Modelle	Grandland X Hybrid Business Ed., Innovation u. a.
Peugot	e-e008 Allure, e-2008 GT, 2-208, iOn, Partner, versch. Varianten	3008 Hybrid allure, 3008 Hyb. GT, 3008 Hyb. 4, 508 Hyb. u. a.
Piaggio	Porter Elektro	
Polestar	Polestar 2	
Renault	Kangoo, Master Z.e, Twingo electric Vibes, Zoe, versch. Varianten	Captur Ed. One E-Tech, Captur intens E-Tech, Megane u. a.
SAIC Motor Corporation Ltd.	MG ZS EV Comfort, MG ZS EV Luxury	
Seat	Mii electric, Mii electric Plus	
Skoda	Citigo-e iV Ambition, iVBest of, iV Style	Superb Cobi iV Abition, Superb iV L&K, iV Sportline u. a.
Smart	EQ Fortwo, EQ Fortfour, Cabrio, electric drive, Brabus, ...	
Streetscooter	Work, versch. Varianten	
Tesla	Modell S, Modell 3, versch. Ausführungen	
Toyota		Prius Plug-in-Hybrid, RAV4 Plug-in-Hybrid, versch. Modelle
Volkswagen	ABT-e-Caddy, e-Caravelle, e-Transporter, e-up, e-Crafter	Golf GTE, Passat GTE, versch. Varianten
Volvo	XC40 Recharge P8 AWD R-Design MY21	V60 D6, V60 T6, V60 T8, XC 40 T5, XC 60 T8, V90 T8 Recharge
Zhidou	D2S (M1 17 kWh und M1 27 kWh)	

Verbrauchsparameter, Faktoren die zusätzlich in die Kalkulation einbezogen werden müssen

In Bezug auf die Größenauswahl der Ladestationen gibt es ganz einfache und leicht nachvollziehbare Beispiele für die Ladezeit des Fahrzeuges am Ladepunkt. Bei den Verbrauchsparametern ist es etwas anders. Die Hersteller gaben bisher den Verbrauch des Fahrzeuges nach dem *Neuen Europäischen Fahrzyklus* (NEFZ) an. Der Test wurde auf einem Rollenprüfstand unter realitätsfremden Bedingungen durchgeführt und dauerte gerade eimal 20 Minuten. Heute wird der Test nach den Regeln der Worldwide Harmonized Light-Duty Vehicles Test Procedures (WLTP) vorgenommen. Der neue Test nach WLTP untersucht eher die in der Praxis entstehenden Verbräuche und ist dadurch als realitätsnäher zu werten. Auszurechnen, wie lange es dauert, ein Fahrzeug mit einem ganz leeren Akkumulator wieder aufzuladen, bringt uns in der Praxis nicht weiter, denn keiner möchte mit dem Fahrzeug bis zum letzten Kilometer fahren und dann liegen bleiben. Zu beachten ist immer die theoretische Fahrstrecke, die gefahren werden könnte, im Gegensatz zur realen Strecke mit Faktoren, die zusätzlich in die Kalkulation einbezogen werden müssen. Dazu gehören widrige Verkehrsverhältnisse wie Regen, Dunkelheit, Kälte, Wärme, bergiges Gelände, Gegenwind oder der Stau. Im Winter sollte ein Fahrzeug beheizt und im Sommer gekühlt werden können, wozu Energie benötigt wird. Bei einem Fahrzeug mit Benzin oder Dieselmotor entsteht durch die Motorkühlung genügend Wärme für die Heizung im Winter. Der Kühlkompressor muss im Sommer vom Verbrennungsmotor mit angetrieben werden und sorgt somit für einen Mehrverbrauch. Würde das Elektrofahrzeug mit elektrischen Heizkörpern im Winter beheizt werden, reduziert sich natürlich die Fahrstrecke. Deshalb geht die Autoindustrie dazu über, das Fahrzeug mit einer Wämepumpe zu beheizen. Der Vorteil liegt darin, dass mit der mechanischen Energie der Wärmepumpe aus der Umwelt bzw. beim Fahrzeug aus dem Umfeld (Innenraum) Wärme gewonnen werden kann. Diese Wärme wird dann mit der Wärmepumpe auf ein höheres Temperaturniveau gebracht. Viele kennen die Luft/Wasser-Wärmepumpe für die Beheizung von Wohnhäusern oder anderen Gebäuden. Zu berücksichtigen ist auch die Zuladung des Fahrzeuges und die Anzahl der mitfahrenden Personen. Hier den exakten Verbrauch zu bestimmen, wäre nur durch genügend Fahrversuche und Fahrvergleiche möglich.

Wir müssen uns also auf den vom Hersteller angegebenen Stromverbrauch je gefahrenem Kilometer verlassen und gleichzeitig einen entsprechenden Aufschlag kalkulieren.

1.6.2 Beispiele zu den Ladezeiten an unterschiedlich großen Ladepunkten

Gehen wir zum Beispiel von einem Durchschnittsverbrauch von 15 bis 20 kWh auf 100 km aus.

Wenn man sein Fahrzeug nach einer zurückgelegten Fahrstrecke von 100 km mit einem Durchschnittsverbrauch von 15 kWh wieder 100 km weit bewegen möchte, benötigt man an einer Schukosteckdose, die z. B. von der mobilen Ladestation auf 10 A (2,3 kW) begrenzt ist, ungefähr 6,5 Stunden Ladezeit. Bei einer CEE-Steckdose einphasig mit 16 A (3,7 kW) sind es immer noch etwas mehr als 4 Stunden. Hat man jetzt die Möglichkeit, das Elektrofahrzeug mit einem dreiphasigen Anschluss 3 × 16 A (11 kW) aufzuladen, so sind es nur noch knapp 1,5 Stunden. Danach kann man wieder 100 km Fahrstrecke zurücklegen. Bei einem Anschluss mit 3 × 32 A (22 kW Ladepunkt) benötigt man für die Aufladung von 15 kWh nur noch eine dreiviertel Stunde.

Wenn das Elektrofahrzeug zu Hause aufgeladen werden soll, würde auch das Ladegerät mit 3,7 kW ausreichend sein, um nach ca. 8 Stunden Aufladung wieder 200 km weit fahren zu können. Besser wäre aber die Variante mit 11 kW. Hier würden die 30 kWh schon in 3 Stunden wieder aufgeladen sein. Wer aber die Möglichkeit hat, ein Fahrzeug mit größerem eingebauten 22-kW-Ladegerät zu wählen, der könnte die 30 kWh in ca. 1,5 Stunden in den Akku leiten. Hat man jetzt, aufgrund der schon genannten widrigen Umstände, einen höheren Verbrauch, lässt sich ganz einfach die Zeit hochrechnen.

Anders ist es aber, wenn man mit seinem Fahrzeug unterwegs ist. Bei kurzen Wegstrecken reicht in der Regel die Akkuladung auch für den Rückweg aus. Möchte man aber weitere Strecken zurücklegen, benötigt man auf dem Weg zur Verfügung stehende Ladepunkte, wie die Tankstellen für Fahrzeuge mit Benzin-, Diesel- oder Gasantrieb. Wie lange das Auftanken des Autos an der normalen Tankstelle dauert, weiß jeder Autofahrer. Die Zeiten für das Aufladen des Elektrofahrzeuges hängen jedoch wieder von der Ladeinfrastruktur ab. Wenn wir ein Ladesäulenraster von 150 km hätten und dort abermals genügend Ladepunkte vorhanden wären, könnte man sein Elektrofahrzeug mit dem Verbrauch von 15 kWh auf 100 km nach 150 km an einer 22-kW-Ladestation in etwas mehr als einer Stunde aufladen.

Aber wer möchte schon nach ca. 150 km Fahrstrecke immer eine Stunde lang Pause machen? Und was passiert, wenn schon ein anderes Fahrzeug an der öffentlichen Ladestation steht? Die Wartezeit wird wieder länger. Mittlerweile gibt es schon Fahrzeuge mit größeren Inboard-Ladegeräten, um die Ladezeit an den Wechselstromladestationen zu verkürzen, dazu gehört z. B. der Renault Zoe, den es auch in der 41-kW-Variante gibt. Das funktioniert aber nur, wenn es sich um einen Schnellladepunkt handelt, der die Leistung auch abgeben kann.

Um mit einem elektrisch betriebenen Fahrzeug auf langen Strecken schneller vorwärts zu kommen, benötigt man Gleichstrom-Schnellladestationen, die das Fahrzeug schnell wieder aufladen können. An einer 50-kW-Schnellladestation benötige ich nur noch ca. 27 Minuten, um die gleiche Energie wieder aufzunehmen. Da zukünftig an noch größeren Stationen gearbeitet wird, dauert das Aufladen unterwegs dann nicht wesentlich länger als an einer Tankstelle für Fahrzeuge mit Verbrennungsmotor.

Dabei ist jedoch zu berücksichtigen, dass wir uns jetzt schon Gedanken machen müssen, wie der Strom in einem Objekt so aufgeteilt werden kann, dass der normale Stromverbrauch nicht beeinträchtigt wird und trotzdem heute schon mehrere Fahrzeuge aufgeladen werden können. Das gleiche lässt sich auf das öffentliche Straßennetz übertragen. Hier darf die Ladeinfrastruktur ebenfalls nicht die normale Stromzufuhr beeinflussen. Wir möchten heute schon gerne den Windstrom aus dem Norden im Süden nutzen, es fehlt aber weitgehend die passende Stromtrasse. Die Versorgungsnetzbetreiber haben noch sehr viel zu tun, wenn allein die Raststätten und Autohöfe an den Fernverkehrsstraßen mit vielen Ladestationen ausgestattet werden sollen. Laut Aussage eines Mitarbeiters eines Netzbetreibers sind die Zuleitungen zu den älteren Raststätten in den meisten Fällen gerade ausreichend für den Gastronomie- und den Tankstellenbetrieb. Doch natürlich gibt es auch hier Lösungen. Wer auf den letzten Industrie- oder Energiemessen war, wird gesehen haben, dass sich der Elektrospeicher-Markt immer weiter entwickelt. Würde ein Speicher mit genügend Leistung an der Raststätte stehen, könnte die Energie für die Aufladung mehrerer Fahrzeuge kurzfristig bereitgestellt werden. In den lastschwachen Zeiten kann der Speicher dann wieder vom Netz oder sogar durch die Einbindung der erneuerbaren Energie aufgeladen werden. Die Firma ads-tec Energy GmbH, www.ads-tec.de, zum Beispiel bietet ein solches Gerät an (Bild 1.78).

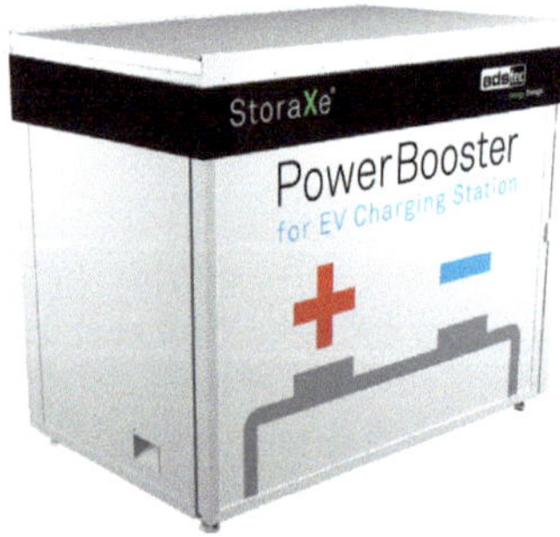

Bild 1.78 ADS-TEC StoraXe PowerBooster

StoraXe PowerBooster

- für die Versorgung von Schnellladestationen im leistungsbegrenzten Verteilnetz
- Quartierspeicher für lokale physikalische Netzdienstleistungen wie Spitzenkappung, Blindleistung usw.
- Strombank als Quartier-Alternative zu individuellen Eigenheimspeichern für die Eigenverbrauchsoptimierung
- Schwarmlösung durch die Vernetzung vieler dezentraler Bausteine zu leistungsstarken Clustern, betrieben im virtuellen Kraftwerk oder in übergeordneten Energiemanagementsystemen
- Betriebsoptionen wie Spitzenkappung, Frequenzregelung
- Aufstellung direkt im Außenbereich vor Ort
- kompakte Bauweise mit leistungsstarker Technik
- integrierter Umrichter mit Batterie, Klimatisierung, Energiemanagement-Einheit, Security/Firewall und Kommunikationseinheit via Mobilfunk
- direkter AC-Anschluss am Verteilnetz auf 400-V-Ebene
- 120 bis 240 kWh, je nach Variante
- Scheinleistung 120 bis 280 kVA, je nach Ausführung
- Wirkleistung 100 bis 280 kW, je nach Ausführung

Fazit: Heute reden wir noch über relativ kurze Fahrstrecken, die wir mit einer Akkuladung zurücklegen können und wünschen uns ein enges Ladesäulennetz. In der nahen Zukunft wird das Aufladen des Elektrofahrzeuges genauso normal sein wie das Betanken eines Fahrzeuges mit Verbrennungsmotor.

1.7 Funktionsweise und Unterschiede der verschiedenen Lademodi (Ladebetriebsarten) nach IEC 61851-1

Grundsätzlich werden mehrere Ladebetriebsarten unterschieden, vom einfachen Anschluss an einer Schukosteckdose (Lademodus 1) bis zur Ladebetriebsart mit Gleichstrom (Lademodus 4).

Eine weitere Lademöglichkeit ist der Akkutausch, bei dem die Fahrzeuge in eine Halle, ähnlich einer Waschstraße, gefahren werden, in der leere Akkumulatoren in kurzer Zeit gegen aufgeladene Akkus getauscht werden. Die Bedingung dafür sind ein Netz von Austauschstationen und ein kompatibles Speichersystem für alle Fahrzeuge. Was vor Jahren in Israel schon einmal anfing, soll in China und

Deutschland wieder eingeführt werden. Akku-Wechselstationen, in Verbindung mit Shell und Nio (chinesischer Fahrzeughersteller).

Darüber hinaus gibt es das induktive Laden, bei dem die Elektrofahrzeuge auf die Ladestation gefahren und induktiv (berührungslos) aufgeladen werden (siehe Abschnitt 1.7.5).

1.7.1 Lademodus 1 (Ladebetriebsart 1)

Bei der Betriebsart 1 (Lademodus 1) wird das Fahrzeug mit einem Kabel direkt an der Haushaltssteckdose angeschlossen (siehe Bild 1.79). Die Spannung liegt bei unserem Netz bei 230 V, einphasig mit max. 16 A (400 V beim dreiphasigen Netz). Da nicht immer ein weiteres Schutzorgan integriert ist, sollte unbedingt an eine vorgeschaltete Fehlerstrom-Schutzeinrichtung und die entsprechende Absicherung gedacht werden. Aufgrund der heute mitgelieferten Ladeleitung hat die Ladebetriebsart 1 nur noch eine geringe Bedeutung. Zu empfehlen ist daher mindestens die Ladebetriebsart 2 (Lademodus 2).

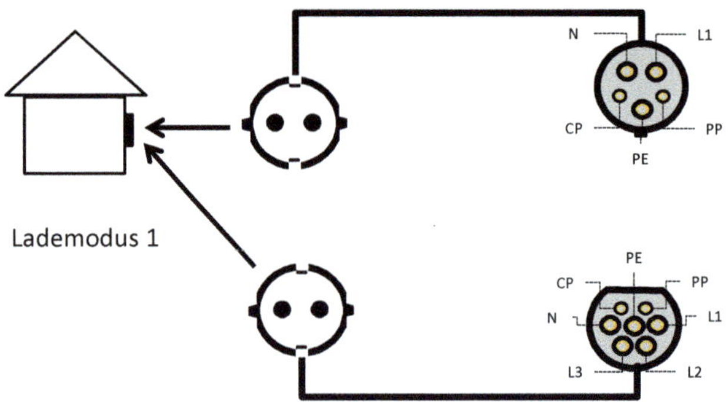

Bild 1.79 Lademodus 1
(Quelle: eigene Darstellung, J. Klinger)

1.7.2 Lademodus 2 (Ladebetriebsart 2)

Bei der Betriebsart 2 (Lademodus 2) wird das Fahrzeug wie im Lademodus 1 an einer Haushaltssteckdose angeschlossen. Die zwischengeschaltete Ladebox In-Cable Control Box (ICCB bzw. In Cable Control and Protection Device IC-CPD) sorgt für eine Kommunikation zwischen Ladebox und Elektrofahrzeug. Der Ladestrom sollte bzw. wird beim Anschluss an einer Schukosteckdose auf 6 bis 10 A begrenzt, damit keine Überlastung durch die zeitlich lange anstehende Last an

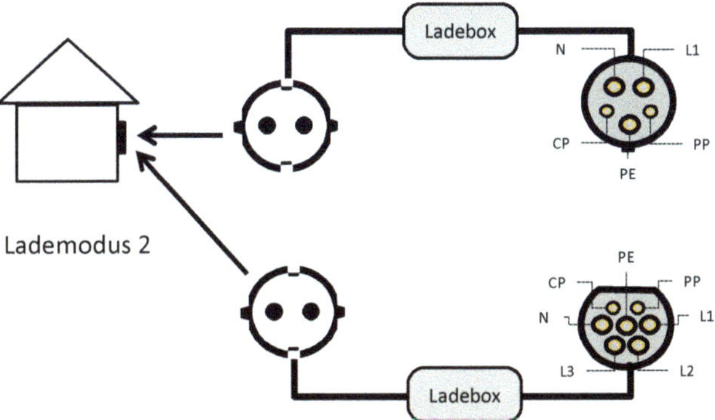

Bild 1.80 Lademodus 2 an der Schukosteckdose mit ICCB (Quelle: eigene Darstellung, J. Klinger)

den Steckkontakten entsteht (Bild 1.80). Besser ist die Variante mit den einphasigen CEE-Steckern (16 A) blau oder dreiphasigen CEE-Steckern rot. Damit kann dann auch ein größerer Strom (theoretisch bis 63 A) übertragen werden. Da diese Anschlussleitung in der Hand gehalten werden könnte, sollte die vorhandene Steckdose trotzdem über einen RCD (Fehlerstromschutzschalter) angeschlossen sein, damit das Kabel zwischen Steckvorrichtung und Ladebox mit geschützt ist. Die elektrische Anlage ist grundsätzlich vorher entsprechend zu prüfen.

Beim Lademodus 2 (Ladebetriebsart 2) mit CEE-Steckern bzw. CEE-Steckdosen (Bild 1.81) ist aufgrund der anderen Bauart auch über einen längeren Zeitraum eine größere Leistung übertragbar, bei den blauen CEE-Steckern (bekannt als

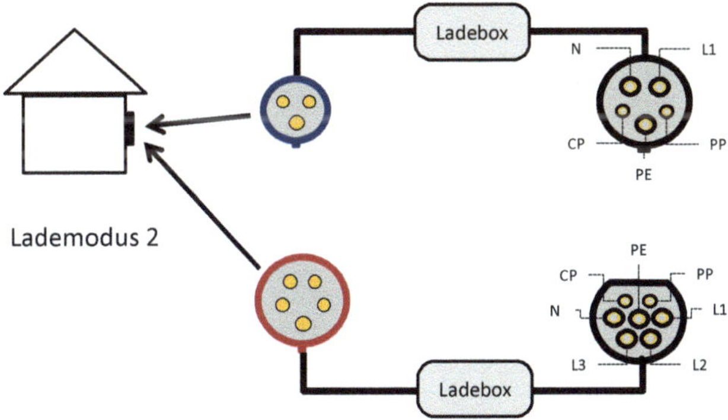

Bild 1.81 Lademodus 2 an der CEE-Steckdose mit ICCB (Quelle: eigene Darstellung, J. Klinger)

Campingstecker) bis 3,7 kW (16 A) Dauerlast und bei den roten Steckern bis zu 43 kW (63 A) Dauerlast. Diese ist allerdings in der 63-A-Variante selten bei Ladekabeln vorzufinden. Hier endet die maximale Leistung z. Zt. bei 22 kW (32 A). Viele Ladeboxen (ICCB) sind dann im Leistungsbereich variabel, d. h., die maximale Ladeleistung kann hier eingestellt werden.

1.7.3 Lademodus 3 (Ladebetriebsart 3)

Bei der Ladebetriebsart 3 (Lademodus 3) wird das Elektrofahrzeug mittels der fest angeschlossenen Ladeleitung oder einer Anschlussleitung mit Stecker und Kupplung mit einer Ladestation elektrisch verbunden (Bild 1.82).

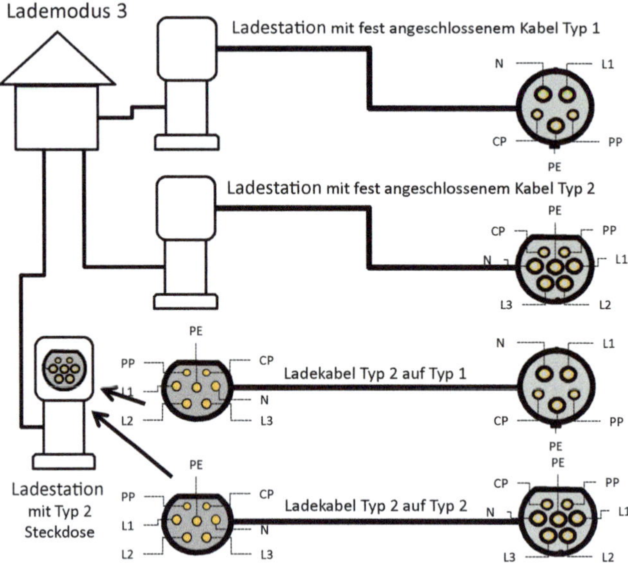

Bild 1.82 Lademodus 3, Varianten Ladestation mit festem Kabel oder Steckdose (Quelle: eigene Darstellung, J. Klinger)

In der Ladestation sind die Überstromschutzorgane, die Ladesteuerung und die Freigabeelemente (Schalterfreigabe, Schlüsselfreigabe oder RFID-Kartenleser u. a.) integriert.

Die Ladestation kommuniziert nach dem Anschluss des Ladekabels bereits mit dem Elektrofahrzeug, bevor die Ladung freigegeben wird. Die Freigabe erfolgt nach einer vorgegebenen Reihenfolge und Messung der angeschlossenen Komponenten.

Bei der Ladebetriebsart 3 wird ein PWM-Signal (Pulsweitenmodulation) aufmoduliert. Die Ladekabel sind mit den oben beschriebenen Steckern Typ 1 bzw. Typ 2 versehen. In diesen Steckern befinden sich Kodierwiderstände, d. h., das Anschlusskabel für ein Fahrzeug mit 11 kW Ladeleistung hat andere Kodierwiderstände als ein Kabel für 22 kW Ladeleistung oder ein einphasiges Anschlusskabel.

In den Bildern 1.83 und 1.84 kann man deutlich die Kodierwiderstände (R) erkennen, die zwischen dem Pilotkontakt PP (Proximity-Pilot oder Plug-Present) und dem PE-Leiter angeschlossen sind. In der Ladestation wird über den zweiten Pilotkontakt CP (Contact-Pilot) das angeschlossene Ladekabel gemessen und der Schutzleiter PE überprüft.

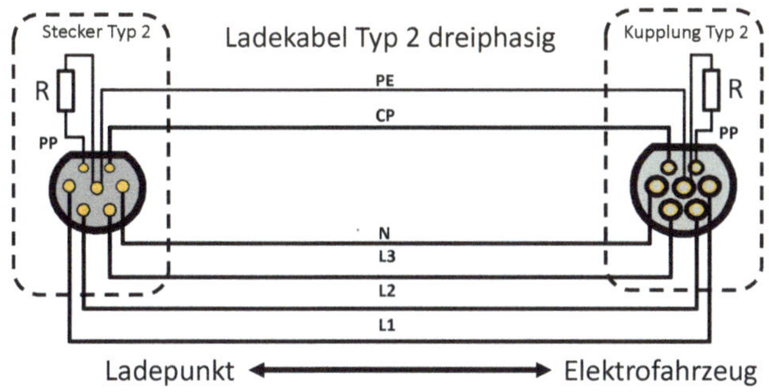

Bild 1.83 Dreiphasiges Ladekabel Typ 2.
Beispiel mit Stecker und Kupplung Typ 2 mit Kodierwiderständen zwischen dem Pilotkontakt PP und dem PE-Leiter
(Quelle: eigene Darstellung, J. Klinger)

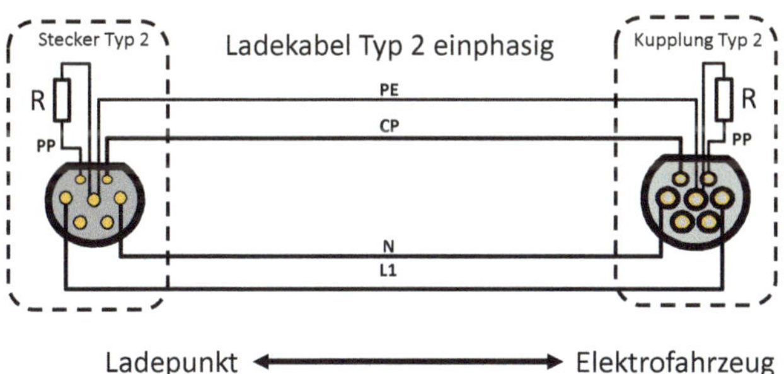

Bild 1.84 Einphasiges Ladekabel Typ 2.
Beispiel mit Stecker und Kupplung Typ 2 mit Kodierwiderständen zwischen dem Pilotkontakt PP und dem PE-Leiter
(Quelle: eigene Darstellung, J. Klinger)

Bei den Steckern und Kupplungen Typ 1 und Typ 2 sind Kodierwiderstände mit verschiedenen Werten eingesetzt, die der Ladestation die maximal mögliche Ladung vorgeben (siehe Tabelle 1.7).

Tabelle 1.7 Kodierwiderstände im Typ-2-Stecker

Widerstand R	1 500 Ohm	680 Ohm	220 Ohm	100 Ohm
Stromstärke I	13 A	20 A	32 A	63 A
Mindest-Leitungsquerschnitt Cu	1,5 mm^2	2,5 mm^2	6 mm^2	16 mm^2

Zusätzlich befindet sich in der Kupplung Typ 1 ein Widerstand parallel zum Verriegelungshebel. Ist die Verriegelung nicht aktiv (offen), wird durch die Reihenschaltung der Widerstände die Aufladung nicht freigegeben. Das gleiche geschieht auch bei der Betätigung des Verriegelungshebels während der Aufladung. Wird der Hebel betätigt, schaltet die Elektronik der Ladestation die Ladung sofort ab.

Bei der Ladung mit einer Typ-2-Ladeleitung werden die Stecker im Fahrzeug und in der Ladestation während des Ladevorganges automatisch durch einen elektromechanischen Mechanismus verriegelt.

Die Aufladung und die Leistungsabgabe sind ein Zusammenspiel aus den Widerständen in den Ladesteckern und der Elektronik der Ladestation. Die Ladestation meldet dem Fahrzeug über die Pulsweitenmodulation die maximale Leistungsabgabe. Das angeschlossene Fahrzeug gibt über das integrierte BMS-System (Batterie-Management-System) die Vorgabe über die Lademenge.

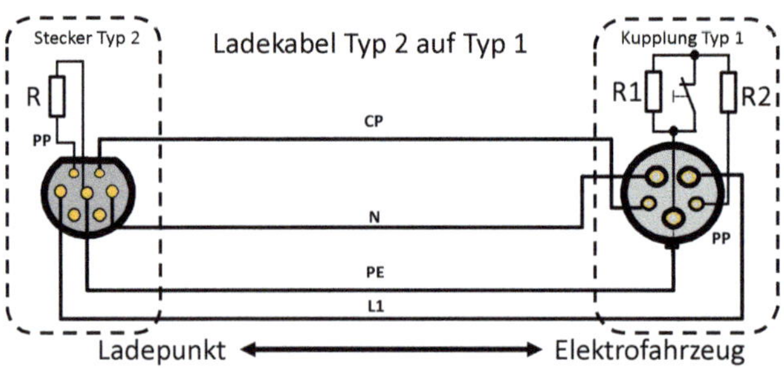

Bild 1.85 Einphasiges Ladekabel von Typ 2 auf Typ 1.
Beispiel mit Stecker Typ 2 und Kupplung Typ 1 mit den Kodierwiderständen und dem Widerstand am Verriegelungshebel der Typ-1-Kupplung
(Quelle: eigene Darstellung, J. Klinger)

1.7.4 Lademodus 4 (Ladebetriebsart 4)

Da sich bei dieser Variante das Ladegerät in der Ladestation befindet, haben wir den Gleichstrom direkt an der Fahrzeugbatterie. Auch hier erfolgt eine Kommunikation mit dem Fahrzeug über Pilotkontakte. Bei dem CCS-Stecker über die Kontakte PP und CP und bei dem CHAdeMO-Stecker über mehrere Kontakte, die im Stecker in zwei Einheiten angeordnet sind. Bei dem CHAdeMO-Stecker erfolgt die Überwachung der Ladung über ein Can-Bussystem. Der Vorteil der DC-Ladestationen ist eine verlustarme und - durch die größere Leistung - schnellere Wiederaufladung der Batterie des Elektrofahrzeuges. Außerdem muss man bei den Gleichstromladestationen kein Anschlusskabel dabei haben. Das Kabel wäre aufgrund der Stärke viel zu unhandlich und dann auch noch zu schwer, um es immer im Kofferraum zu transportieren. Gerade bei diesen Systemen wird es in Zukunft noch viel größere Leistungsvarianten geben. Es gibt schon Feldversuche mit 350-kW-Ladepunkten.

Als weitere Gleichstrom-Variante seien noch Tesla-Fahrzeuge genannt. In Europa können diese mit dem modifizierten Typ-2-Stecker mit Gleichstrom an den Tesla Superchargern wieder aufgeladen werden. Das interne Ladegerät wird dabei umgangen. Siehe auch Abschn. 1.4.5. Da in der Ladesäulenverordnung der Stecker-Standard vorgegeben ist, jedoch viele Fahrzeuge den CHAdeMO-Stecker und nicht den CCS-Stecker haben, gibt es bei der Industrie Ladesäulen mit zwei DC-Anschlusskabeln. Es gibt separate Stecker für das CCS-System und das CHAdeMO-System. Da sich das Ladegerät in der Ladestation befindet, funktioniert bei den kleineren Anlagen immer nur jeweils ein System. Unabhängig davon wäre dann nur der zusätzliche Typ-2-Anschluss, wenn er denn vorhanden ist, weil hier wieder das Inboard-Ladegerät benutzt wird (siehe Bild 1.86).

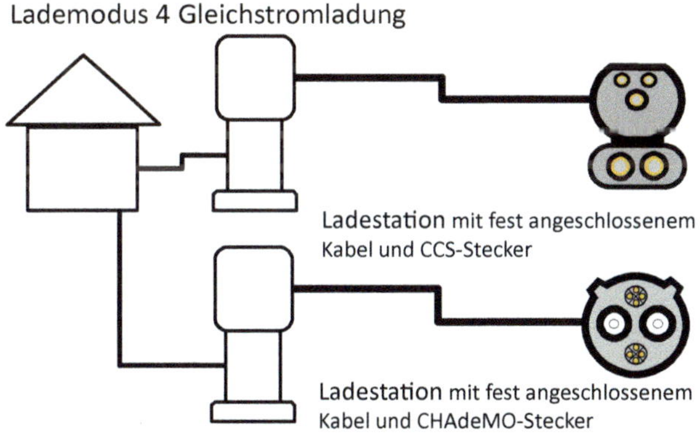

Bild 1.86 Lademodus 4 mit CCS und CHAdeMO
(Quelle: eigene Darstellung, J. Klinger)

Fazit: Heute gibt es für jeden Zweck die passende Ladestation. Technisch sind alle Varianten für den privaten, halböffentlichen und öffentlichen Bereich verfügbar, aber auch hier werden weitere Leistungsgrößen folgen.

1.7.5 Induktive Fahrzeugladung

Ladekabel und Ladegeräte sind aus dem Haushalt nicht mehr wegzudenken. Jetzt kommt die Elektromobilität hinzu. Wer sich schon einmal über die Steckernetzteile geärgert hat, wünscht sich etwas Kabelloses. Bei der elektrischen Zahnbürste geht es doch auch. Auch die Hersteller von Mobiltelefonen haben so etwas schon länger im Programm.

Der Wunsch, Elektrofahrzeuge kabellos aufzuladen, ist schon lange da, schließlich sind die Anschlusskabel hier sehr viel sperriger als bei Kleingeräten. Schön wäre auch die Aufladung während der Fahrt durch große Induktionsschleifen in der Fahrbahn oder der Vorteil an der Ladestation, nicht aus dem Fahrzeug aussteigen zu müssen.

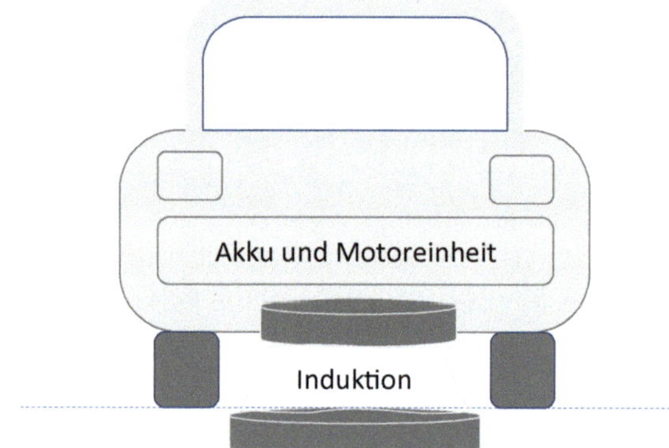

Bild 1.87 Induktives Laden eines Fahrzeugs

Es gibt weltweit interessante Pilotprojekte, vom Bus bis zum Taxi (2020) z. B. in Norwegen.

Alles muss jedoch noch standarisiert werden. Und es sind noch Fragen offen. Es darf die elektromagnetische Verträglichkeit nicht vergessen werden. Zeitweise wurden in Wohnhäusern Netzfreischalter installiert, damit der Strom im Haus nachts abgeschaltet wird und den Menschen nicht beeinflusst.

Was passiert mit Herzschrittmachern oder anderen Schrittmachern, die sich im oder am menschlichen Körper befinden? Manche Menschen fühlen sich schon von den Windkraftanlagen durch Elektrosmog gestört.

Ein entscheidender Punkt ist auch der Abstand der Induktionsschleifen (Fahrzeug und Fahrbahn). Theoretisch müsste der Abstand bei allen Fahrzeugen gleich sein, d. h. sich automatisch nachjustieren, wenn der Fahrbahnzustand sich ändert.

Die Anforderungen an das induktive Laden finden sich in DIN VDE 0100-722 und in DIN EN IEC 61980, u. a. mit den Grenzwerten für die Feldstärken und weitere Faktoren.

Auf jeden Fall stellt das induktive Laden eine interessante Option für die kommende Ladeinfrastruktur dar.

2 Erforderliche Sicherheitseinrichtungen in den Ladepunkten

2.1 Prinzipielle Aufbauten der Installation vom Zählerplatz bis zum Ladepunkt

Die Installation eines Ladepunktes im privaten und halböffentlichen Bereich unterscheidet sich grundsätzlich nicht von einer Installation anderer Verbrauchsmittel. Die Installation soll nach den gültigen Regeln der Technik ausgeführt werden. Ladestationen bzw. die Ladepunkte sind einzeln abzusichern und mit Fehlerstrom-Schutzeinrichtungen (falls nicht bereits in der Ladestation integriert) zu versehen. Der Leitungsquerschnitt ist, unter Berücksichtigung der Verlegungsart, des Häufungsfaktors und der Umgebungstemperatur ausreichend groß zu dimensionieren.

Im Gegensatz zu anderen Betriebsmitteln ist hier immer mit einem Gleichzeitigkeitsfaktor von 1 zu rechnen, d. h., bei einem einzelnen Ladepunkt sollte die Dauerlast über einen langen Zeitraum berücksichtigt werden.

Bei mehreren Ladepunkten ist die maximale Leistung des Netzverknüpfungspunktes (Hausanschluss) zu berücksichtigen und unter Umständen mit einer erforderlichen Laststeuerung (Lastmanagement) zu versehen.

Ein weiterer Punkt, speziell bei den einphasigen Anschlüssen, ist die sogenannte Schieflastgrenze. Unser Stromnetz in Deutschland ist in der Regel ein dreiphasiges Netz mit Neutralleiter. Die Nennspannung zwischen den Außenleitern beträgt 400 V und zwischen den Außenleitern und dem Neutralleiter haben wir eine Nennspannung von 230 V. Bei einer symmetrischen Netzbelastung fließt auf dem Neutralleiter kein Strom. Sind einphasige Verbraucher angeschlossen, fließt der Strom zwischen einem Außenleiter und dem Neutralleiter. In einem Objekt wird immer versucht, die einphasigen Verbraucher wieder symmetrisch auf die drei Phasen (Neutralleiter abwechselnd gegen die Phasen) aufzuteilen. Der Grund ist die ansonsten einseitige Belastung des Neutralleiters (Schieflast). Selbst bei einem ausreichend großen Hausanschluss kann es somit Probleme mit der zulässigen Schieflastgrenze geben.

Stellen Sie sich vor, in einem Hotel werden 3 Ladepunkte dreiphasig mit Steckdosen Typ 2 mit je 22 kW Leistung installiert. Alle Ladepunkte sind phasengleich angeschlossen, d. h., L1 ist an allen Ladepunkten an der Klemme L1 angeschlossen, bei den Klemmen L2 und L3 ist es identisch. Jetzt kommen dort 3 Menschen mit Elektrofahrzeugen, die alle ein einphasiges Anschlusskabel, z. B. Typ 1, haben. Die Fahrzeuge werden jeweils mit einer Anschlussleitung Typ 1 auf Typ 2 an den vorhandenen Ladepunkten angeschlossen und aufgeladen. Da jetzt alle drei Fahrzeuge 3,7 kW Leistung aufnehmen, liegt die einphasige Belastung bei 3 × 3,7 kW. Hier fließen 48 A (11,1 kW bei 230 V) auf einer Phase und im Neutralleiter. Durch eine genaue Installationsplanung und eine entsprechende Dokumentation kann so etwas umgangen werden.

Sinnvoll wäre es, zu jeder Ladestation ein Datenkabel mitzuführen (meistens ist eine RS485-Schnittstelle vorhanden). Es geht dabei nicht nur um eine Abrechnungsmöglichkeit, sondern zukünftig auch um eventuelle Freigaben oder Leistungsreduzierungen (da eine Nachrüstung für diesen Zweck immer schwierig ist).

Die Montage oder Aufstellung der Ladestationen sollte so nah wie möglich am Fahrzeug und in einer anwenderfreundlichen Höhe erfolgen. Bei einer Wallbox ist nicht nur die Montagehöhe zu beachten, berücksichtigt werden sollte auch ein stabiler Untergrund zum Anbringen der Box, der eine haltbare Befestigung gewährleistet. (Der Stecker wird ja sehr oft in die Steckdose gesteckt und bei jedem neuen Aufladen aus dem Ladepunkt gezogen).

Die Zubehöre, die heute von den Herstellern angeboten werden, reichen von weiteren Montageplatten bis zur Stele, um eine Wallbox als Ladesäule aufbauen zu können. Wählt man eine Stele, muss man auch an das Fundament denken. Das gleiche gilt natürlich für die Ladesäule. Beachten Sie also unbedingt die Vorgaben des Herstellers. Bei einem eventuellen Unfall muss der sichere Stand der Ladestation gewährleistet sein. Die Kabel, die durch das Fundament geführt werden, dürfen nicht abscheren und dadurch zur Gefahr für den Nutzer werden.

Das Material der Ladeeinrichtung und das verwendete Installationsmaterial müssen bei der Außenmontage UV-beständig sein. Die geforderte Mindestschutzart (IP-Schutzart) gegen eindringende Fremdkörper und Feuchtigkeit ist zu erfüllen. Bei Ladesäulen ist, falls sie nicht durch die Bauart selbst geschützt ist, ein Anfahrschutz vorzusehen. Ladepunkte sollten überdies vor einer unbefugten Benutzung geschützt sein.

Beginnen wir mit den Lademodi 1 und 2. In Neubauten ist heute für Steckdosenstromkreise ein Fehlerstromschutzschalter vorgeschrieben, der jedoch im Bestand oft noch fehlt. Auf jeden Fall sollte die Schuko- oder CEE-Steckdose (besser alle Steckdosen) vor der Inbetriebnahme eines Ladekabels mit einem Fehlerstromschutzschalter Typ A versehen werden. Das Fahrzeug wird ja nicht nur bei trockenem Wetter gefahren und gerade im Winter oder bei Regen kann es hier bei einem Fehler schnell zu einer gefährlichen Durchströmung des menschlichen Körpers kommen. Schnell kann ein Fehler in der Isolierung des Ladekabels entstehen, vielleicht sogar, weil das Auto auf dem Kabel gestanden hat oder das Kabel versehentlich eingeklemmt wurde.

Beim Lademodus 3 hingegen ist in der Regel die Zuleitung zur Station fest angeschlossen, hier sollte in jedem Fall eine Fehlerstrom-Schutzeinrichtung integriert sein. Zu beachten ist dabei, dass nicht alle angebotenen Ladestationen einen integrierten Fehlerstromschutz haben, ggf. muss eine Fehlerstrom-Schutzeinrichtung vorgeschaltet oder, wenn möglich, in der Ladestation nachgerüstet werden!

Vor der Installation der Ladestation oder der Steckdose, die für das Ladekabel mit einer ICCB-Ladeeinrichtung verwendet werden soll, ist die Hausinstallation zu prüfen, um ggf. einen RCD-Schutzschalter nachzurüsten oder die Installation entsprechend anzupassen.

Laut DIN VDE 0100-410 sind alle Steckdosenstromkreise im Innenbereich bis 20 A, die der allgemeinen Verwendung dienen und von Laien genutzt werden, durch einen RCD-Schutzschalter mit einem Nennfehlerstrom < 30 mA zu schützen. Das gleiche gilt auch für Steckdosen im Außenbereich, bis zu einer Größe von 32 A für tragbare Betriebsmittel.

Bei der Auswahl der Fehlerstromschutzschalter (RCD) ist unbedingt darauf zu achten, dass der Schutzschalter auch für den Gleichstromanteil geeignet ist. Bei einphasigen Systemen reicht in der Regel der RCD Typ A, bei dreiphasigen Systemen ist aber ein allstromsensitiver RCD Typ B gefordert.

Hier sei darauf hingewiesen, wenn der Hersteller seine dreiphasigen Ladestationen mit einem RCD Typ A ausliefert, dann ist es nicht falsch, da der Hersteller seine Komponenten natürlich typgeprüft anbietet und in der Regel eine weitere DC-Überwachung integriert hat. Grundsätzlich sind immer die Angaben des Herstellers zu beachten. Das betrifft nicht nur die Fehlerstrom-Schutzeinrichtung, sondern auch die maximale Vorsicherung und ggf. noch den geforderten Mindestleitungsquerschnitt.

Wird ein Ladepunkt ohne den geforderten Fehlerstromschutz angeschlossen und entsteht ein gefährlicher Berührungsstrom, entspricht die Installation nicht den gültigen Regeln der Technik und die Freigabe zur Benutzung wäre fahrlässig. Deshalb dürfen die Ladepunkte grundsätzlich nur von Elektrofachkräften angeschlossen werden, die geeignete Materialien schon bei der Planung mit einbeziehen, damit Menschen, Tiere und Sachgegenstände nicht zu Schaden kommen.

Das Bild 2.1 zeigt eine Übersicht der einzelnen Anschlussvarianten im TN-System. Beachten Sie ggf. die Vorschriften für den Einsatz von RCD-Schutzschaltern in anderen Netzsystemen, z. B. im TT-System.

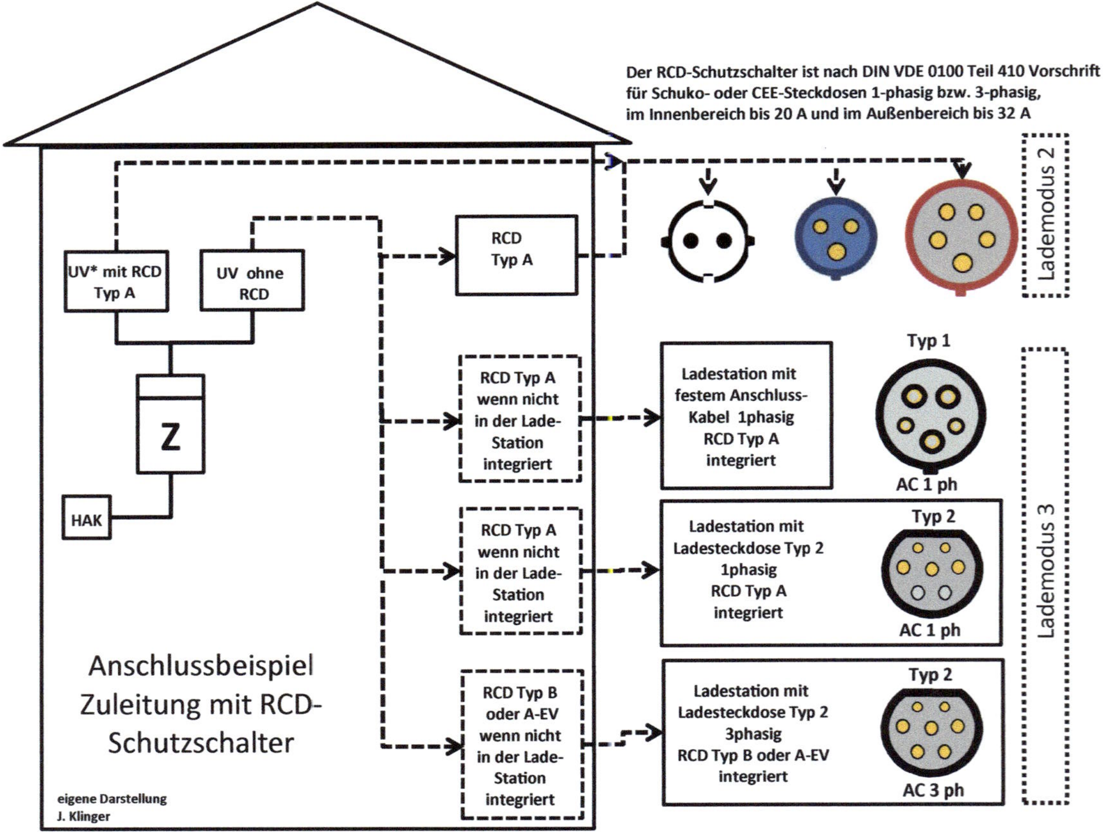

Bild 2.1 Systemaufbau vom Hausanschluss bis zur Ladestation mit RCD-Schutzschaltern im TN-System (Quelle: eigene Darstellung, J. Klinger)

2.2 Fehlerstromschutzorgane (RCD), Auswahlkriterien und Einsatzgebiete

Die Unterschiede der geforderten RCD-Schutzschalter liegen im Aufbau und am festzustellenden Gleichstromanteil des Fehlerstromes. Früher kamen in der Hausinstallation reine FI-Schutzschalter für Wechselstrom zum Einsatz. Diese Schalter dürfen heute nicht mehr eingesetzt werden, weil der Wechselstrom durch viele vorhandene Betriebsmittel auch Gleichfehlerströme enthalten kann. Der RCD-Schutzschalter Typ A ist geeignet für Wechselstrom und pulsierende Gleichströme, der Typ B zusätzlich für glatte Gleichfehlerströme, die z. B. auch bei Photovoltaikanlagen entstehen können. Da der allstromsensitive RCD-Schutzschalter Typ B relativ teuer ist und hauptsächlich für Photovoltaikanlagen oder für spezielle Betriebsmittel entwickelt wurde, gibt es heute den RCD Typ A-EV für die Elektromobilität. Der RCD-Schutzschalter Typ A-EV ist nur für die Elektromobilität einzusetzen und nicht für Anwendungsfälle, bei denen der Typ B oder B+ benötigt wird. Erkennbar sind die RCD-Schutzschalter durch die aufgedruckten Symbole (siehe Bilder 2.2 und 2.3).

Symbol RCD Typ A

Bild 2.2 Symbol auf dem RCD Typ A für Wechselstrom und pulsierende Gleichströme (Quelle: eigene Darstellung, J. Klinger)

Symbol RCD Typ B

Bild 2.3 Symbol auf dem RCD Typ B für Wechselstrom, pulsierende Gleichströme und glatte Gleichfehlerströme (Quelle: eigene Darstellung, J. Klinger)

RCD-Schutzschalter des Typs B dürfen nicht in Reihe hinter einen RCD Typ A geschaltet werden, weil die Funktion dann nicht mehr gegeben wäre. Bei den Schutzschaltern Typ A-EV wäre eine Reihenschaltung möglich.

Neben den Ladestationen mit und ohne RCD-Schutzschaltern Typ B oder A-EV finden Sie auch Varianten mit einem sogenannten DC-Sensor zur Gleichstromüberwachung, bei denen dann ein vorgeschalteter RCD Typ A zu installieren ist. Die Installationsanleitung der Ladestationen-Hersteller ist unbedingt zu beachten.

Als Neuerung erwähnenswert ist die Einführung einer Fehlerstromüberwachungseinrichtung RCD-DD (Residual Direct Current Detecting Device) nach IEC 62955. Es handelt sich um eine in die Ladebox integrierte Gleichstromüberwachung. Das Unternehmen Doepke, Hersteller von Fehlerstromschutzschaltern aus Norden, bietet heute schon RCD Typ A-EV und Typ F-EV mit DC-Gleichstromüberwachung (glatte Gleichströme > 6 mA) an und erfüllt damit alle Voraussetzungen.

Typen von Fehlerstrom-Schutzeinrichtungen (FI-Schutzschaltern) Siehe auch DIN VDE 0100-530:2018-06	
RCD	Begriff für alle Fehlerstrom-Schutzeinrichtungen
RCCB	Fehlerstrom-Schutzschalter ohne integrierten Überspannungsschutz
RCBO	RCD/LS-Schalter, Kombination aus Fehlerstromschutzschalter mit integriertem Überspannungsschutz

Spezifik/Unterschiede	
Typ AC	nur für sinusförmige Wechselfehlerströme, **in Deutschland nicht mehr zulässig,** weil bei glatten Gleichfehlerströmen über 6 mA die Funktion nicht gewährleistet ist
Typ A	für sinusförmige Wechsel- und pulsierende Gleichfehlerströme (meistverwendeter RCD)
Typ B	allstromsensitiver Fehlerstromschutzschalter für sinusförmige, pulsierende und glatte Fehlerströme (für PV-Anlagen und die Ladeinfrastruktur geeignet)
Typ B+	bietet einen zusätzlichen Schutz bei sinusförmigen Wechselfehlerströmen für Frequenzen bis 20 kHz (für den erhöhten Brandschutz geeignet)
Typ A-EV	ein speziell für die Elektromobilität entwickelter Fehlerstromschutzschalter, ähnlich dem Typ B, aber auch **nur für die Elektromobilität geeignet**; puls- und wechselstromsensitiv (früheres Ansprechen, schon bei ≥ 6 mA gegenüber ≥ 30 mA)
Typ F	für pulsierende Wechselfehlerströme mit Gleichfehlerstrom-Anteilen ≤ 10 mA bei Frequenzen bis 1 kHz (gedacht für elektrische Betriebsmittel mit Frequenzumrichtern, aber nicht für die Elektromobilität)
Typ F-EV	eine weitere Variante für die Elektromobilität (mischfrequenzsensitiv)

Bei der Installation ist die DIN VDE 0100-722:2019-06 „Errichten von Niederspanungsanlagen Teil 7-722: Anforderungen für Betriebsstätten, Räume und Anlagen besonderer Art – Stromversorgung von Elektrofahrzeugen“ zu beachten. Hier sind die Anforderungen für Stromkreise zur Energieversorgung und für Stromkreise zur Rückeinspeisung elektrischer Energie von Elektrofahrzeugen ausführlich beschrieben. Außerdem relevant ist DIN VDE 0100-410:2018-10 „Errichten von Niederspannungsanlagen – Teil 4-41: Schutzmaßnahmen – Schutz gegen elektrischen Schlag“.

2.3 Fehlerstromschutzorgane bei mobilen Ladekabeln mit ICCB

Bei vielen mobilen Ladekabeln ist ein RCD Typ A integriert. Dann kann natürlich ein Typ-A-Fehlerstromschutzschalter in der vorhandenen Installation genutzt werden.

Widersprüchlich wäre es nur, wenn in dem mobilen Ladekabel ein allstromsensitiver Fehlerstromschutzschalter Typ B integriert wäre. In diesem Fall wäre die Sicherheit nicht mehr gewährleistet. Es sollte der vorgeschaltete RCD Typ A gegen einen RCD Typ B getauscht werden. Bitte prüfen Sie genauestens das zu installierende Material anhand der mitgelieferten Datenblätter bzw. der Bedienungsanleitung des Herstellers.

2.3.1 Überspannungsschutz und Blitzschutz

Bei der Hausinstallation gibt es, den neuesten Kenntnissen entsprechend, (angepasste und) neue DIN-VDE-Normen für den Überspannungsschutz. Dies gilt natürlich auch für die neu zu installierende Ladeinfrastruktur. Schützen Sie beim Aufbau der Ladeinfrastruktur die Ladepunkte gegen Überspannung! Ein Blitzschlag oder Überspannung im Netz kann ganz schnell einen hohen Schaden verursachen. Der Blitz muss nicht unbedingt in die Anlage eingeschlagen haben, da selbst ein entfernter Blitzeinschlag sehr hohe Überspannungen im Netz erzeugen kann. Nicht nur im Kundennetz, sondern auch am Fahrzeug bzw. an den vernetzten Ladepunkten kann der Schaden zu kostenintensiven Ausfällen führen. Ein Überspannungsschutz ist dann entsprechend den Richtlinien der Hersteller aufzubauen. Informieren Sie sich dazu bei den Herstellern und schützen Sie auch die Datenleitungen, die vom Ladepunkt z. B. an den Computer oder an das Abrechnungssystem gehen. Der Überspannungsschutz sollte immer projektspezifisch zusammengestellt werden, da Sie überall mit anderen Gegebenheiten rechnen müssen. Ein Überspannungsschutz soll die Überspannung gegen den PE-Leiter ableiten können, ohne dass größere Schäden an den vernetzten Ladestationen oder den angeschlossenen Fahrzeugen entstehen.

Es gibt von der Industrie Ladestationen, die für den Einbau des Überspannungsschutzes vorbereitet sind oder schon den Überspannungsschutz integriert haben. Weitere Informationen zum Thema Überspannungsschutz finden Sie unter anderem in DIN VDE 0100-443 und DIN VDE 0100-534.

Lösungen aus der Praxis sind heute oftmals Überspannungsableiter in der Zählerverteilung oder der Unterverteilung. Dabei sind die Leitungslängen zu berücksichtigen. Misst die Leitung vom Einspeisepunkt der Ladestation bis zum Ladepunkt länger als 10 m, ist es ratsam, einen weiteren Überspannungsableiter in dem Ladepunkt oder davor zu installieren. Der Minimalschutz in der Haupt- bzw. Unterverteilung (VDE AR-N 4100:2019-04) ist laut Norm ausreichend (auch bei mehr als 10 m Länge), der zweite Schutz in der Ladeeinrichtung ist aber – laut Hinweis in DIN VDE 0100-443 – als weiterer Schutz für das Ladesystem und das angeschlossene Fahrzeug sinnvoll.

Bei Anlagen mit vorhandenem Überspannungsschutz muss die Ladeinfrastruktur den gültigen Vorschriften entsprechend eingebunden werden.

Bei Gebäuden bzw. Anlagen mit äußeren Blitzschutzanlagen ist die Norm VDE 0185-305 zu berücksichtigen. Hier finden Sie die nötigen Hinweise einschließlich der Einbindung in die Erdungsanlage. Denken Sie an die Menschen, die geschützt werden müssen. Planungsunterstützung erhalten Sie von den Herstellern der Komponenten, dort gibt es Fachleute, die sich mit allen wichtigen Parametern des Überspannungs- und Blitzschutzes auskennen.

Fazit: Es gibt viele Komponenten, die die Sicherheit beim Aufladen des Elektrofahrzeuges beeinflussen. Nur wenn die Anlage von Fachleuten nach den gültigen Vorschriften aufgebaut wird, ist diese Sicherheit auch gewährleistet. (Eine hundertprozentige Sicherheit kann jedoch nie erreicht werden, außer man verzichtet auf den elektrischen Strom.)

2.4 Prüfung und Messung bei Inbetriebnahme und Wartung

Alle elektrischen Anlagen müssen bei der Inbetriebnahme von Elektrofachkräften nach den gültigen Regeln der Technik geprüft werden. Dazu zählt nicht nur die Funktionsprüfung, sondern auch die Überprüfung der Schutzmaßnahmen, damit im Fehlerfall keine Menschen, Tiere oder Sachgegenstände gefährdet werden. Jeder Elektrofachmann kennt die genaue Vorgehensweise bei der Inbetriebnahme mit den geeigneten Messgeräten zur Überprüfung der Schutzmaßnahmen nach DIN VDE 0100-400. Jetzt kommt zusätzlich der Ladepunkt mit ins Spiel. Wie kann man die Funktion und die Schutzmaßnahmen direkt an der Ladesteckdose oder am Ladekabel prüfen? Die Industrie bietet heute eine Vielzahl von Messgeräten an, dazu kommen spezielle Geräte zum Simulieren des Elektrofahrzeuges am Ladepunkt von den Herstellern der Ladestationen. Zusätzlich ist bei der Ladeinfrastruktur die Norm DIN VDE 0100-722 „Anforderungen für Betriebsstätten, Räume und Anlagen besonderer Art – Stromversorgung von Elektrofahrzeugen" zu beachten.

Bei allen neu installierten, erweiterten oder geänderten elektrischen Anlagen ist eine Erstprüfung nach DIN VDE 0100-600 (Errichten von Niederspannungsanlagen – Teil 6: Prüfungen) durchzuführen. Alle Anlagenteile, die betroffen sind oder verändert wurden, sind bei der Prüfung mit einzubeziehen.

Für Wiederholungsprüfungen gilt DIN VDE 0105-100 Betrieb von elektrischen Anlagen – Teil 100: Allgemeine Festlegungen; einschl. der Änderung A1: Wiederkehrende Prüfungen sowie der Berichtigung 1 vom Oktober 2020.

Für den gewerblichen Bereich gilt außerdem die Unfallverhütungsvorschrift DGUV-Vorschrift 3 (Betriebssicherheitsverordnung), hier sind wiederum die Prüffristen von Bedeutung (siehe auch DIN VDE 0100-722). Diese Vorschriften sind nicht nur im öffentlichen, sondern auch im halböffentlichen Bereich unbedingt zu beachten. Eine Pflicht zur Wiederholungsprüfung bei privaten Ladepunkten besteht nicht. Für die Sicherheit der Menschen und der Kundenanlage ist eine Wiederholungsprüfung aber auch bei privaten Ladestationen sehr sinnvoll und wichtig.

Was soll geprüft werden?

- Funktioniert der RCD-Schutzschalter und lösen die Schutzschalter in der geforderten Auslösezeit aus?
- Sind der Schleifenwiderstand und die Netzimpedanz ausreichend klein, damit die Überstromschutzorgane auslösen können?
- Stimmt der Isolationswiderstand?
- Wie ist das Drehfeld der CEE-Steckdose oder der Typ-2-Steckdose?

Dafür muss jeder Fachbetrieb die geeigneten Messgeräte haben, da mit dem Multimeter allein solche Messungen nicht durchgeführt werden können!

Was ist anders an den speziellen Messgeräten für die Ladestationen?

Um an der Ladestation messen zu können, muss das Messgerät erst einmal an die Ladestation angeschlossen werden können. Dazu wird die entsprechende Steckvorrichtung für den Typ-1- oder Typ-2-Stecker benötigt. Als nächstes ist die Prüfreihenfolge vorgegeben, um die Betriebszustände überprüfen zu können. Hinzu kommt die Prüfung der Schutzmaßnahmen nach DIN VDE 0100-600 und DIN VDE 0413.

Die Simulatoren für die Ladeinfrastruktur gibt es z. B. als Koffer oder Handgerät (Bilder 2.4 und 2.5). Es wird aber immer in Verbindung mit dem Messgerät für die Schutzmaßnahmen geprüft!

Ohne die speziellen Simulationsgeräte ist die Überprüfung des Ladepunktes nicht möglich und entspricht daher nicht den nach DIN VDE vorgeschriebenen Erst- und Wiederholungsprüfungen.

Beispiele von Anbietern geeigneter Messgeräte finden Sie im Anhang.

In Tabelle 2.1 sind Beispiele für den Ablauf beim Besichtigen, Erproben und Messen sowie der dazugehörenden Dokumentation zu sehen. Alle Prüfungen und Messdaten sowie die Ergebnisse der Besichtigung sollten schriftlich festgehalten werden.

Die Tabelle 2.1 dient nur der Übersicht ohne Anspruch auf Vollständigkeit. Bitte beachten Sie die einschlägigen VDE-Vorschriften und Unterlagen für die Erstprüfung.

Bitte unbedingt die Vorgaben der Hersteller von Ladestation und Messgerät beachten, ggf. könnte bei der Isolationsmessung durch die hohe Messspannung die Ladestation oder das Ladekabel zerstört werden.

Tabelle 2.1 Überprüfung der Schutzmaßnahmen nach DIN VDE 0100-600 und VDE 0413

Ablauf		
Besichtigen	**Was wird durch Besichtigung geprüft?**	**Was wird besichtigt?**
	Typenschild Nennwerte Leitungsführung, Schutzorgane Potentialausgleich, Auswahl Kabel und Leitungen Strombelastbarkeit, Schutz gegen thermische Einflüsse Zusätzliche Schutzeinrichtungen, Schutz gegen Fremdkörper und Feuchtigkeit IP-Schutzart, Kennzeichnung der Sicherungen Stromkreise usw. Elektrische Verbindungen Dokumentation und technische Unterlagen, ggf. auch einen vorhandenen Anfahrschutz	Schon während der Vorplanung bzw. des Aufbaus sind alle Komponenten zu besichtigen und entsprechend des Einsatzortes, der Benutzung und der Sicherheit zu prüfen. Defekte Basisisolierungen oder Abdeckungen sind zu ersetzen. Die Sicherungsgrößen und die Komponenten für die zusätzlichen Schutzmaßnahmen müssen dem Anwendungszweck entsprechen, z. B. RCD Typ A/B oder A-EV
Erproben und Messen	**Was wird erprobt bzw. gemessen?**	**Womit wird geprüft?**
	Durchgängigkeit des Schutzleiters	Messgerät zur Überprüfung der Schutzmaßnahmen
	Isolationswiderstand	Isolationsmessgerät oder Kombigerät
	Schutz durch automatische Abschaltung Schleifenimpedanz, Wirksamkeit der Überstromschutzeinrichtung Wirksamkeit der RCD-Schutzschalter	Messgerät zur Überprüfung der Schutzmaßnahmen Abschaltbedingungen im vorhandenen Netzsystem beachten!
	Polarität und Spannung	
	Drehfeld	Drehfeldmessgerät
	Maximaler Spannungsfall	Messung mit Kombigerät
Dokumentation	Alle wichtigen Daten und Messwerte	Auf geeigneten Formblättern und zusätzlich der Ausdruck von schreibenden Messgeräten, wenn vorhanden

Bild 2.4 Prüfbox für Typ-1- und Typ-2-Ladesteckdosen (Quelle: Mennekes)

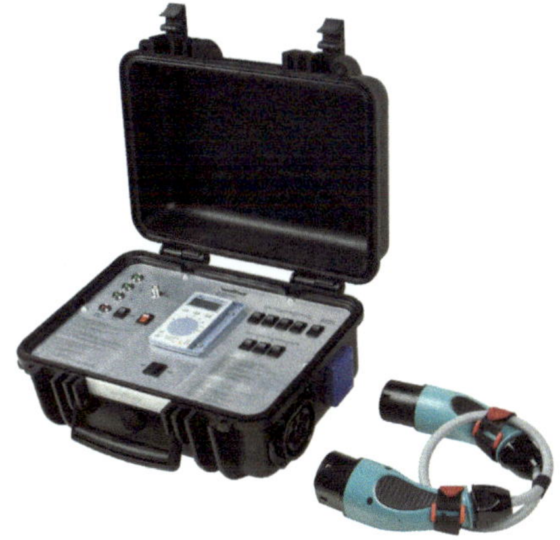

Bild 2.5 EV-Simulator (Quelle: Walther-Werke)

Prüfprotokoll

Was muss das Prüfprotokoll bei der Erstprüfung nach DIN VDE 0100-600 mindestens enthalten?

- Auftraggeber, Name, Anschrift und Datum der Inbetriebnahme
- Standort bzw. Adresse der Anlage
- Anlagenbeschreibung, Anzahl und Art der Ladepunkte
- Typenschild, ggf. Typenschilder der Ladepunkte bzw. der Ladesäulen
- Firmenname und Adresse des prüfenden Elektrofachbetriebes
- Name des Prüfers mit Datum und Unterschrift
- Verwendete Mess- und Simulationsgeräte, bitte die Bedienungsanleitung der Hersteller beachten!
- Nach welchen Vorschriften wurde geprüft
- Protokolle bei schreibenden Messgeräten oder manuelle Datenerfassung
- Protokoll über die erfolgte Besichtigung der Anlage
- Protokoll über die erfolgten Messungen
- Protokoll über die einwandfreie Funktion der Anlage und Simulation des Elektrofahrzeuges

  (EV-Simulationsgerät für die Ladesteckdosen siehe Beispiel Bilder 2.4 und 2.5)

Wiederholungsprüfung nach DIN VDE 0105-100

Wie die Inbetriebnahmeprüfung (Erstprüfung) gehört eine Wiederholungsprüfung nach DIN VDE 0105-100 zu den Sicherheitsprüfungen. Sie stellt sicher, dass von der Ladestation keine Gefahren für Menschen, Tiere oder Sachgegenstände ausgehen. Da der Betreiber der Anlage für den sicheren Betrieb und den ordnungsgemäßen Zustand der Anlage bzw. der Betriebsmittel verantwortlich ist, muss er eine Wiederholungsprüfung regelmäßig durchführen lassen. Die Vorgehensweise entspricht weitgehend der Erstprüfung. Näheres entnehmen Sie bitte den bekannten DIN VDE-Normen, beispielsweise DIN VDE 0105-100, den Vorgaben der Berufsgenossenschaft nach DGUV Vorschrift 3 (ehemals BGV A3) und den Bestimmungen der Sachversicherer VdS (VdS Schadenverhütung GmbH). Wie schon erwähnt, können die Prüffristen entsprechend den Vorgaben der DGUV V3 übernommen werden, dabei nicht die DIN VDE 0100-722 außer Acht lassen. Damit ist der Nutzer verpflichtet, vor der Ladung eine Sichtkontrolle durchzuführen (die Frage ist nur, inwieweit der Nutzer hier etwas beurteilen kann). Der Betreiber sollte täglich die Betriebsbereitschaft kontrollieren und halbjährlich die Prüftaste am RCD-Schutzschalter betätigen, damit im Fehlerfall wirklich eine sichere Abschaltung erfolgt und die Sicherheit nicht durch einen mechanischen Fehler blockiert wird. Die weiteren Prüfungen durch eine Elektrofachkraft sollten aber mindestens im Jahresrhythmus liegen oder sogar im Halbjahresrhythmus bei einer stark frequentierten Ladeeinrichtung. Gerade hier wäre es wichtig, von vornherein einen entsprechenden Wartungsvertrag abzuschließen. Insbesondere, weil die Ladestationen von Laien bedient werden. Schon einfachste Defekte an den Kabeln, Steckern und den Gehäusen können für den Benutzer aufgrund der hohen Ströme und Spannungen und der daraus resultierenden Leistung lebensgefährlich sein! Mechanisch defekte Anlagen oder Anlagen, bei denen die Standfestigkeit bzw. die Befestigung an der Wand nicht mehr gewährleistet ist, sind sofort vom Netz zu trennen. Fehlerhafte Anlagen dürfen erst nach der Überprüfung und der Instandsetzung (Fehlerbeseitigung) durch einen Elektrofachmann wieder in Betrieb genommen werden.

Normgerechte Prüfung von Ladestationen

Zum normgerechten Vorgehen gehört neben der Prüfung der Schutzmaßnahmen die Prüfung aller Funktionen, die eine einwandfreie Nutzung der Ladekomponenten gewährleisten und im Fehlerfall zu einer sofortigen Abschaltung führen sollen.

Prüfung einer Ladestation Typ 1 mit fest angeschlossenem Kabel

Der Stecker Typ 1 wird in den Prüfadapter gesteckt und das Schutzmaßnahmen-Prüfgerät wird an dem Adapter angeschlossen, sodann kann die Prüfung durchgeführt werden. Dieser Adapter eignet sich aber nur für den Stecker Typ 1 (Bild 2.6).

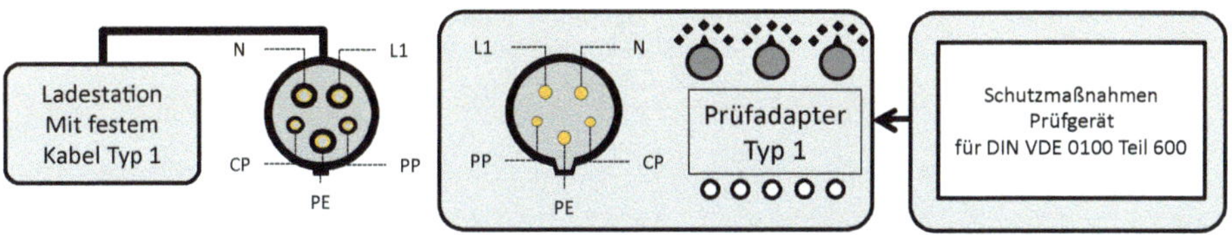

Bild 2.6 Prüfung einer Ladestation Typ 1 mit geeignetem Testgerät (EV-Simulator) und Schutzmaßnahmen-Prüfgerät
(Quelle: eigene Darstellung J. Klinger)

Prüfung einer Ladestation mit Typ 2 Ladesteckdose

Das Verbindungskabel oder der Stecker des Prüfadapters sowie das Schutzmaßnahmen-Prüfgerät werden angeschlossen und die Prüfung kann durchgeführt werden. Dieser Adapter eignet sich aber nur für den Stecker Typ 2 (Bild 2.7).

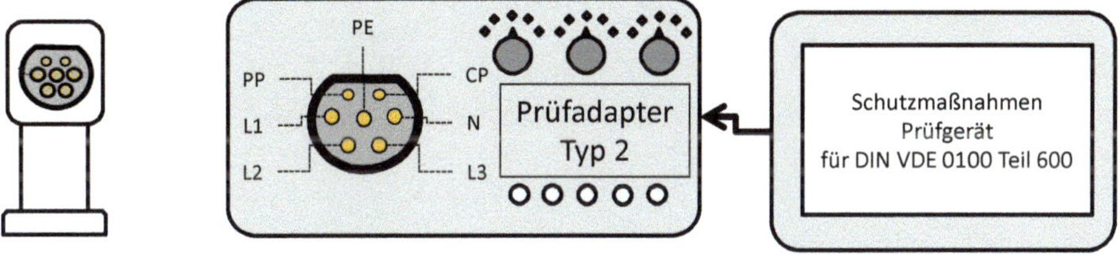

Bild 2.7 Prüfung einer Ladestation Typ 2 mit geeignetem Testgerät (EV-Simulator) und Schutzmaßnahmen-Prüfgerät
(Quelle: eigene Darstellung J. Klinger)

Kombi-Prüfadapter mit Schutzmaßnahmen-Prüfgerät

Für die Ladestationen Typ 1 mit „festem Anschlusskabel“ und die Ladestationen mit Typ 2 „Ladesteckdose“ (Bild 2.8). Hier gilt auch wieder die Kombination für beide Varianten mit dem Schutzmaßnahmen-Prüfgerät.

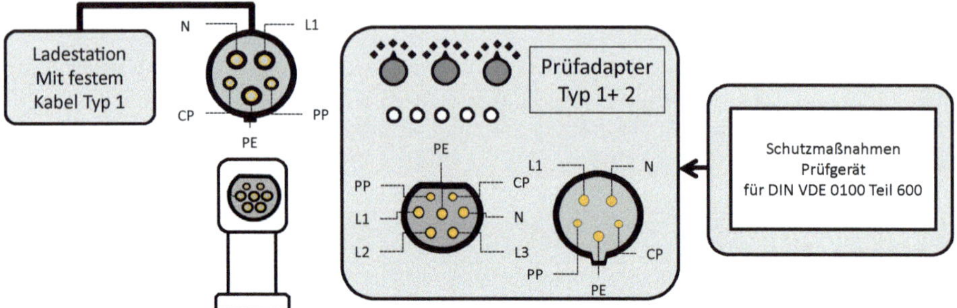

Bild 2.8 Prüfgerät für die Ladepunkte Typ 1 und Typ 2 mit dem Schutzmaßnahmen-Prüfgerät (Quelle: eigene Darstellung J. Klinger)

Prüfungen mit dem Prüfgerät (Simulator)

Das Prüfgerät wird an der Ladestation angeschlossen und simuliert ein Elektrofahrzeug. Die Einstellung ist je nach Prüfgerät unterschiedlich, im Prinzip werden immer die folgenden Parameter überprüft:

- Messung des Schutzleiters PE gegen PWM
- Messung der Kodierwiderstände im Stecker
- Fehlersimulation der RCD wird ausgelöst
- die Betriebszustände Status B, Status C und Status D werden simuliert
- optional mit Messbuchse für ein Oszilloskop

Ein Beispiel der Betriebszustände zeigt Bild 2.9.

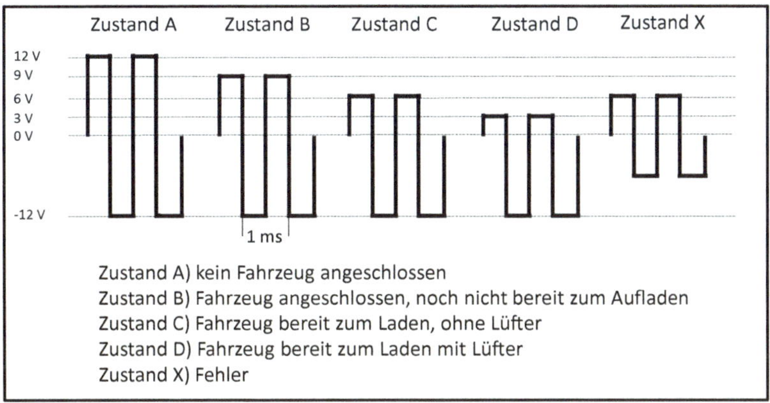

Bild 2.9 Betriebszustände nach IEC 61851
(Quelle: eigene Darstellung J. Klinger)

Überprüfungen der Betriebszustände

Status A: Die Ladeleitung ist mit dem Ladepunkt verbunden, aber noch nicht mit dem Fahrzeug. Signal CP (Contact-Pilot) wird eingeschaltet. Zwischen PE und CP wird die Spannung gemessen (PWM-Signal 12 V).

Status B: Der Ladepunkt ist mit dem Fahrzeug verbunden, die Steckvorrichtung wird beidseitig verriegelt, es erfolgt noch keine Ladung! Spannung zwischen CP und PE (PWM-Signal +9 V/–12 V).

Status C: Nicht gasendes Fahrzeug erkannt, Ladung wird eingeschaltet (PWM-Signal +6 V/–12 V).

Status D: Gasendes Fahrzeug erkannt, Ladung wird eingeschaltet (PWM-Signal +3 V/–12 V).

Status E: Leitung wird beschädigt, Kurzschluss zwischen CP und PE (Spannung 0 V). Die Ladeleitung wird entriegelt.

Aktivierung der Ladung

Um den Ladevorgang zu aktivieren, muss das Ladekabel am Fahrzeug und an der Ladestation angeschlossen sein. Beim Anschließen des Fahrzeuges wird zuerst der Stecker in die Ladestation und danach der Stecker in die Steckvorrichtung des Fahrzeuges gesteckt. Je nach Fahrzeughersteller kann der Ladevorgang unterschiedlich aktiviert und deaktiviert werden, bei manchen Herstellern mit dem Auf- und Zuschließen des Elektrofahrzeuges und bei anderen wieder über eine Extrafunktion. Es gibt Varianten mit Starttaster, Schlüsselschalter, App oder RFID-Karte.

Bei den Varianten „Plug-In“ erfolgt die Ladung nach dem Anschluss durch die Aktivierung im Fahrzeug. Informieren Sie sich in der entsprechenden Bedienungsanleitung.

Am Typ-1-Stecker ist ein Verriegelungshebel, beim Betätigen des Hebels wird die Ladung automatisch unterbrochen. Bei den Gleichstromsteckern ist in der Regel die Deaktivierung am Ladepunkt notwendig, bevor der Stecker wieder freigegeben wird.

Ablauf des Ladevorgangs:

- Anschluss des Fahrzeuges mittels der Steckvorrichtung
- Schutzleiter, Kabelverbindung und Steckkontakte werden geprüft
- Prüfung des Leitungsquerschnittes über die Kodierung (Widerstände)
- Aktivieren der Wegfahrsperre
- Verriegelung der Steckverbindungen
- Aufladung des Fahrzeuges

Die Elektronik in der Ladestation überwacht den gesamten Ladevorgang vom Anschließen des Fahrzeugs über die Freigabe bis zum Abschluss der Aufladung bzw. bis zum Entfernen des Ladesteckers. Diese Funktionen müssen unbedingt bei der Inbetriebnahme mit einem geeigneten Messgerät geprüft werden.

Die Steuerung der Aufladung erfolgt über ein Kommunikationssignal zwischen der Ladestation und dem angeschlossenen Elektrofahrzeug. Die Betriebszustände zeigen an, ob ein Fahrzeug angeschlossen ist und geladen werden kann bzw. werden soll. Erst wenn alle Parameter stimmen, wird die Ladung freigegeben.

Prüfung von DC-Ladestationen

Bis jetzt orientierten wir uns nur an den Wechselstromladepunkten. Jedoch steigt derzeit gerade im privaten und halböffentlichen Bereich die Nachfrage nach Gleichstromladepunkten für eine schnelle Lademöglichkeit stetig an. Es gelten hier die gleichen Notwendigkeiten für die Sicherheitsprüfungen, Erstprüfungen und Wiederholungsprüfungen. Da es aber für DC-Ladestationen zur Zeit keine normativen Vorgaben und Standards gibt, muss nach Vorgabe des Herstellers und mit geeigneten Messgeräten geprüft werden.

Wer gibt Auskunft darüber?

Derzeit kann es nur der Hersteller der Ladestationen sein, der wiederum mit den Herstellern der Messgeräte zusammenarbeitet. Da aber gerade im DC-Bereich viele Anlagen mit großer Leistung aufgestellt werden, wird es wahrscheinlich hier kurzfristig eine passende Prüfnorm geben.

Das DC-Steckersystem CCS (Combo2) ist durch die Ladesäulenverordnung vorgegeben und dadurch bekannt. An den Ladestationen kann aber auch zusätzlich oder – falls nicht der Ladesäulenverordnung entsprechend – auch alleine der CHAdeMO-Stecker vorhanden sein. Um diese Anlagen prüfen zu können, ist neben der Anschlussmöglichkeit der Steckvorrichtung auch die Vorgabe der Prüfparameter nötig.

Der Elektromeister kann z. Zt. die Wechselstromseite prüfen und auf der DC-Seite Maßnahmen durchführen, die auch bei der Ersatzstromversorgung und bei der Speicherung von Photovoltaikenergie angewandt werden.

Autorisierte Benutzung der Ladestation

Aufgrund der Bauart dieser Ladepunkte wird die Ladung erst beim angeschlossenen Fahrzeug aktiviert. Trotzdem liegt natürlich die Spannung in der Ladestation an, auch wenn gerade kein Fahrzeug geladen wird. Schützen Sie die Ladestation gegen unbefugte Benutzer. Im privaten Bereich bieten sich Hauptschalter oder Schlüsselschalter an. Auch im halböffentlichen Bereich können Schlüssel eingesetzt, RFID-Karten ausgegeben oder eine Ferneinschaltung über den PC aktiviert werden.

Gerade im Hotel oder auf dem Campingplatz werden allerdings ungerne Schlüssel herausgegeben (weil oft vergessen wird, die Schlüssel wieder abzugeben). Bei der Einschaltung über den PC wird die Freigabe von Ferne erteilt, mit dem Nebeneffekt, dass auf dem PC die Ladezeit und die abgegebene Leistung angezeigt werden. Falls eine Parkplatzgebühr gezahlt werden muss, kann diese vorher bezahlt oder auf die Rechnung gebucht werden. Schlüssel oder RFID-Karten bieten sich bei Firmenparkplätzen an, die nur von einem autorisierten Nutzerkreis benutzt werden dürfen. Je nach Ausstattung des Ladesystems können hier auch die Ladezeit und die abgegebene Leistung eingesehen werden.

Möchte man, dass die Kunden immer kostenlos oder gegen eine Gebühr ihr Fahrzeug laden können, bietet sich eine Ladestation mit RFID-Karten als sogenannte Kundenkarte an. Die Ladestation wird dann mit dieser Option geliefert und die passenden Karten können auch vom Hersteller der Ladestation bezogen werden. Sind jetzt mehrere Ladestationen vorhanden, werden diese Ladestationen miteinander vernetzt. Die Ladepunkte werden über ein Backend miteinander verbunden (siehe Bild 2.10). Dieses kann je nach Hersteller und Anzahl der Ladepunkte unterschiedlich ausgeführt sein. Es gibt Varianten mit einem Leitstand oder andere Varianten mit der Autorisierung, wie bereits im Abschnitt „Aktivierung der Ladung“ beschrieben (siehe auch Bild 2.11). Die Ladestationen sind so aufgebaut, dass eine Station als Masterstation fungiert und alle weiteren Ladepunkte in der Slave-Funktion betrieben werden.

RFID
RFID
RFID
RFID
Backend-
System
und
Leitstand
Beispiel Backend-System drahtgebunden
Anlage mit Ladesäulen und Wallbox
Autorisierung mit einer RFID-Karte

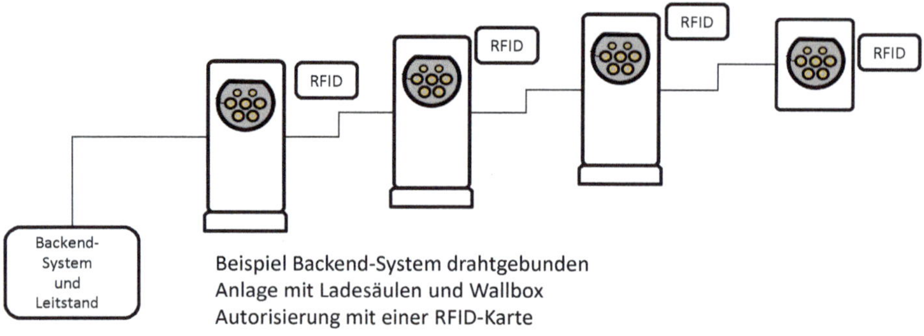

Bild 2.10 Drahtgebundene Vernetzung
(Quelle: eigene Darstellung J. Klinger)

TAN
RFID
Beispiel: Backend-System über OCPP-Protokoll
WLAN oder eine andere Variante,
Anlage mit Ladesäulen und Wallbox,
Autorisierung (ggf. mit Abrechnung)
mit Tan, RFID-Karte, App, Telefon o. a. Systemen

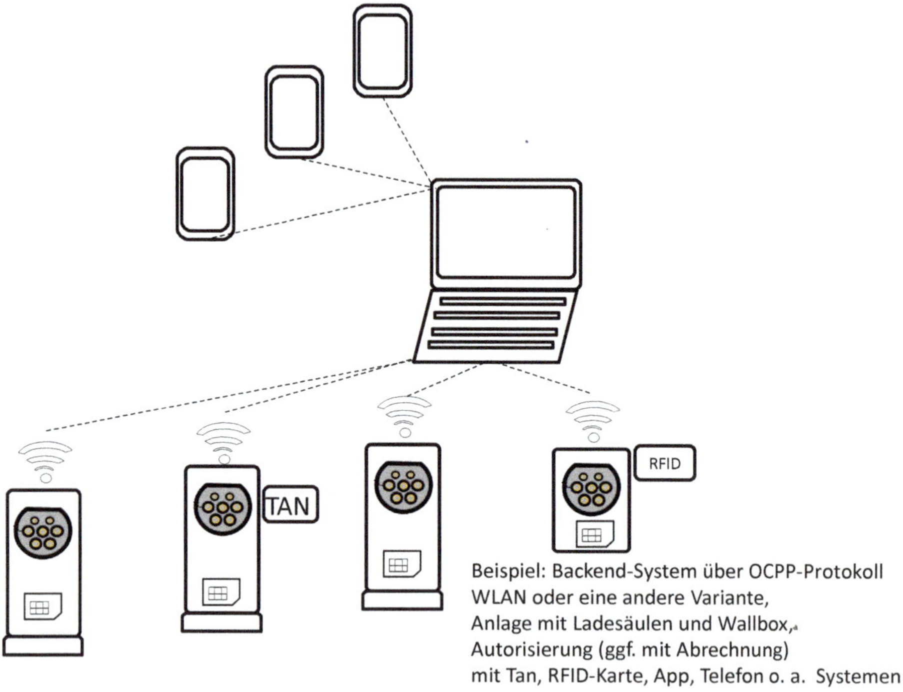

Bild 2.11 Backend-System
(Quelle: eigene Darstellung J. Klinger)

2.5 Beispiel einer Checkliste zur Datenaufnahme

Seite 1

Betreiber der Anlage		**Anlagenstandort**	
Name	______		
Vorname	______		
Straße	______	Straße	______
PLZ und Ort	______	PLZ und Ort	______
Telefon	______		
E-Mailadresse	______		

Versorgungsnetzbeteiber ______

Art des Ladepunktes		**Autorisierung**		**Autorisierung**		**Autorisierung**	
privater Ladepunkt	☐	Schalter oder Plug-In	☐	Schlüssel	☐	RFID oder ähnlich	☐
halböffentlicher Ladepunkt	☐	EDV-Freigabe	☐	Schlüssel	☐	RFID oder ähnlich	☐

Gewünschter Standort der Ladestation

Garage	☐	Parkplatz	☐	Carport	☐	andere	☐
Innenbereich	☐	Außenbereich	☐	erforderl. IP-Schutzart	☐	erforderl. UV-Schutz	☐

Bauart der Ladestation	**mobiles Ladekabel ICCB**	☐	**Ladesäule**	☐	**Wallbox**	☐
Anschluss, Ausstattung	mit CEE 1-phasig	☐	1 Steckdose Typ 2	☐	mit festem Kabel Typ 1	☐
Zubehör	mit CEE 3-phasig	☐	2 Steckdosen Typ 2	☐	mit festem Kabel Typ 2	☐
	mit Schukostecker	☐	zus. Schukosteckdose	☐	1 Steckdose Typ 2	☐
			Anfahrschutz erforderl.	☐	2 Steckdosen Typ 2	☐
			integrierter Zähler	☐	zus. Schukosteckdose	☐
					integrierter Zähler	☐
					Wallbox mit Stehle	☐
					Zubehör Überdach	☐

Anschlusskabel Typ 2 auf Typ 1	☐
Anschlusskabel 16 A 1-phasig Typ 2 mind. 2,5mm² CU kodiert	☐
Anschlusskabel 16 A 3-phasig Typ 2 mind. 2,5mm² CU kodiert	☐
Anschlusskabel 32 A 3-phasig Typ 2 mind. 6 mm² Cu kodiert	☐
Anschlusskabel 63 A 3-phasig Typ 2 mind. 6 mm² Cu kodiert	☐

Seite 2

Leist. und Anz. der Ladepunkte		**RCD integriert**		**RCD vorgeschaltet**		**andere**	
3,7 kW 1-phasig	☐	Type A	☐	Type A	☐	____________	
4,6 kW 1-phasig	☐	Type A	☐	Type A	☐	____________	
11 kW 3-phasig	☐	Typ B oder A-EV	☐	Typ B	☐	DC-Sensor	☐
22 kW 3-phasig	☐	Typ B oder A-EV	☐	Typ B	☐	DC-Sensor	☐
44 kW 3-phasig	☐	Typ B oder A-EV	☐	Typ B	☐	DC-Sensor	☐

DC Ladestation mit:

CCS	☐	Leistung in kW	☐
CHAdeMO	☐	Leistung in kW	☐
Typ 2	☐	Leistung in kW	☐

Überspannungsschutz muss installiert werden ☐ vorhanden ☐

Hausanschlussgröße in A	max. Leistung nach Hausanschluss	Lastmanagement / fest / dynamisch / priorisiert	
____________	____________	____________	
Zuleitungslänge in m	erforderlicher Querschnitt	erforderliche Sicherung	Selektivität
____________	____________	____________	____________

Datenkabel vorhanden ☐ muss verlegt werden ☐

TAB-Vorgabe des VNB

zus. Zählerplatz lt. TAB	Schieflastgrenze	Genehmigungsgrenze
____________	____________	____________

Ort, Datum	Ersteller Name	Firma	gewünschte Inbetriebnahme
____________	____________	____________	____________

Diese Checkliste kann in dieser oder einer ähnlichen Form bei der Datenaufnahme hilfreich sein, damit alle erforderlichen Fakten berücksichtigt werden.

Falls schon bekannt, kann im privaten Bereich das gewünschte Elektrofahrzeug für die Auswahl des Ladepunktes bzw. Ladesteckers mit erfasst werden.

Für die Abrechnung der Aufladung sollte schon im Vorwege darüber nachgedacht werden, ob es verschiedene Nutzergruppen mit entsprechenden Berechtigungen und Tarifen geben wird. Sollen nur Mitarbeiter oder auch Gäste oder fremde Nutzer den Zugang haben und ihr Fahrzeug laden können? Weitere Aspekte:

- Wer übernimmt die Abrechnung?
- Soll es Karten für die Ladestationen geben?
- Wie lange werden die Ladezeiten der Nutzer sein?

Fazit: Das Thema Ladestationen für die Elektromobilität beginnt beim Kundengespräch, der möglichst genauen Datenaufnahme, der richtigen Auswahl und Anmeldung, der Auswahl der Schutzeinrichtungen und des Installationsmaterials und endet nach der normgerechten Messung und Inbetriebnahme bei der Übergabe an den Kunden bzw. den Nutzer der Anlage. Nicht zu vergessen sind dabei der Wartungsvertrag und die Terminabsprache für die zwingend erforderlichen wiederkehrenden Prüfungen.

Es geht dabei um die Sicherheit der Benutzer der Ladetechnik.

3 Maximal zur Verfügung stehende Leistung an den Ladepunkten

3.1 Auswahl der Vorsicherungen je Ladepunkt oder Ladestation

Die maximale Vorsicherung ergibt sich durch die Leistung, die durch die Ladestation bzw. Ladepunkt zur Verfügung gestellt wird. In der Ladestation sollte jeder Ladepunkt einzeln abgesichert sein. Betrachtet man zum Beispiel eine Wallbox oder Ladesäule mit einem Ladepunkt Typ 2, Leistung 22 kW, liegt die Sicherungsgröße schon fest. Das würde bedeuten, dass der Ladepunkt eine 32-A-Sicherung integriert hat, die Vorsicherung aber selektiv ausgewählt werden muss. In diesem Fall ist die Leitung mit 40 A abzusichern und der Leitungsquerschnitt für die 40 A zu bemessen, um im Fehlerfall das vorgeschaltete Sicherungsorgan auch auslösen zu können. Dazu müssen

- der Spannungsfall,
- die Verlegeart und
- die Umgebungstemperatur

berücksichtigt werden. Hat man eine Ladestation mit 2 Ladepunkten, die gleichzeitig die volle Leistung abgeben können, ist der Strom zu verdoppeln und auch hier wieder die Selektivität einzuhalten. Das wäre immer der Fall, wenn z. B. zwei 22-kW-Steckdosen gleichzeitig genutzt werden können oder beim Anschluss eines Fahrzeugs (eine Version vom Renault Zoe) in der 43-kW-Variante.

Beispiele der Bemessung für fest angeschlossene Ladestationen im Lademodus 3

Beispiel 1

Wird eine Ladestation mit einer Leistung von 3,7 kW gewählt, ist dort entweder eine Sicherung von 16 A integriert oder diese Sicherung wird vorgeschaltet. Bei einer integrierten Sicherung sollte wieder auf die Selektivität der vorgeschalteten Sicherung geachtet werden.

Für dieses Beispiel gilt:

- gewählter Leitungsquerschnitt 2,5 mm^2 Cu,
- Verlegeart z. B. B2 (mehradrige Mantelleitung in Installationsrohren auf oder in Wänden oder in Kanälen), siehe auch DIN VDE 0298-4,
- Umgebungstemperatur 25 °C (der Einfachheit halber in diesem und den weiteren Beispielen, ohne Berücksichtigung der Häufung und ggf. weiterer Faktoren).

Bei einem Spannungsfall von 3 % kann die elektrische Leitung max. 31 m lang sein (cosφ 0,95).

Unter Umständen ist es sinnvoller, einen größeren Querschnitt der Leitung zu wählen, weil der Spannungsverlust natürlich in ungenutzte Wärme umgewandelt wird und die Leistungsminderung zweimal so groß ist wie der prozentuale Spannungsverlust.

Beispiel 2

Eine weitere Variante wäre der Ladepunkt mit 4,6 kW einphasig. Für dieses Beispiel gilt:

- die Sicherungsgröße der Ladestation wäre 20 A,
- vorgeschaltet sein müsste eine 25-A-Sicherung,
- der Querschnitt der Leitung sollte mind. 4 mm^2 Cu betragen,
- je nach Verlegeart, z. B. B2, ohne Berücksichtigung der Umgebungstemperatur und der Häufung,
- Spannungsfall von 3 %.

Die elektrische Leitung kann in diesem Fall max. 40 m lang sein (cosφ 0,95).

Beispiel 3

Diese Variante geht von einer Ladestation mit 11 kW dreiphasig aus. Es gilt:

- Sicherung in der Ladestation 3 × 16 A,
- vorgeschaltet 3 × 20 A,
- Querschnitt bei symmetrischer Last 2,5 mm^2,
- maximale Leitungslänge ca. 63,8 m.

Wird jetzt aber ein einphasiges Fahrzeug mit 3,7 kW (16 A bei 230 V) angeschlossen, fließt ein größerer Strom über den Neutralleiter und die Leitungslänge reduziert sich auf 31,77 m!

Entsprechend ist bei der Leitungsdimensionierung immer vom schlechtesten Fall auszugehen, weil der Neutralleiter bei einphasiger Nutzung genauso hoch belastet sein kann wie der Außenleiter.

Beispiel 4

Eine weitere Variante, die berücksichtigt werden sollte:

Eine Ladestation mit 2 Ladepunkten von je 11 kW, die beide gleichzeitig genutzt werden können. Gewählter Leitungsquerschnitt 6 mm^2 Cu. Bei 2 dreiphasig geladenen Fahrzeugen mit gleicher Außenleiterlast erhält man einen Wert von 32 A. Man könnte die Leitung maximal auf 76,57 m auslegen. Werden jetzt aber 2 Fahrzeuge einphasig mit nur 3,7 kW angeschlossen (wenn nicht innerhalb der Ladestation die Phase bei der 2. Steckdose getauscht wurde), steigt der Strom zwar nur auf 32 A an, die Spannung liegt jetzt aber nur bei 230 V. Damit verkürzt sich die maximale Leitungslänge, bei gleichem Leitungsquerschnitt, auf 44 m (siehe Bild 3.1)!

2 belastete Adern	3 belastete Adern (symmetrisch)
$l = \dfrac{A \cdot \gamma \cdot \Delta U}{2 \cdot I \cdot \cos\varphi}$	$l = \dfrac{A \cdot \gamma \cdot \Delta U}{\sqrt{3} \cdot I \cdot \cos\varphi}$
l Leitungslänge in m A Leiterquerschnitt in mm^2 γ Leitfähigkeit in m/(Ω·mm^2)	ΔU Spannungsfall in V $\cos\varphi$ Wirkleistungsfaktor I Stromstärke

Bild 3.1 Berechnung der Leitungslänge nach Spannungsfall, Wechsel- und Drehstrom

Tabelle 3.1 Absicherung, Mindestquerschnitt und maximale Leitungslänge (Quelle: eigene Darstellung J. Klinger)

Nenngröße der Ladestation mit integrierten Sicherungen	Mindestquerschnitt der Zuleitung nach Vorsicherung LS-Schalter „B" (selektiv)		Maximale Leitungslänge bei einem Spannungsfall von 3 % Leitungslänge abgerundet	
Spalte 1	Spalte 2	Spalte 3	Spalte 4	Spalte 5
3,7 kW einphasig Sicherung 16 A Ladestation Typ 1 oder Typ 2	2,5 mm² Cu 20 A	4 mm² Cu 20 A	31 m	50 m
4,6 kW einphasig Sicherung 20 A Ladestation Typ 2	4 mm² Cu 25 A	6 mm² Cu 25 A	40 m	61 m
11 kW dreiphasig, Sicherung 3 pol. 16 A Ladestation Typ 2	4 mm² Cu 3 × 20 A	6 mm² Cu 3 × 20 A	102 m	153 m
2 × 11 kW dreiphasig Sicherung 2 × 3 pol. 16 A Ladestation 2 × Typ 2	6 mm² Cu 3 × 32 A	10 mm² Cu 3 × 32 A	76 m	127 m
22 kW dreiphasig Sicherung 3 pol. 32 A Ladestation Typ 2	10 mm² Cu 3 × 40 A	16 mm² Cu 3 × 40 A	127 m	204 m
22 kW dreiphasig Sicherung 2 × 3 pol. 32 A Ladestation 2 × Typ 2, 1 × 22 kW o. 2 × 11 kW	10 mm² Cu 3 × 40 A	16 mm² 3 × 40 A	127 m	204 m
2 × 22 kW dreiphasig Sicherung 63 A (80 A)* 1 × 43 kW Typ 2 o. 2 × 22 kW	25 mm² Cu 3 × 80 A	35 mm² Cu 3 × 80 A	162 m	227 m

* bei voller Ausnutzung der 44 kW erforderlich, wird aber selten realisiert

Zur Tabelle 3.1: Absicherung, Mindestquerschnitt und maximale Leitungslänge

In der 1. Spalte sind die Größen der Ladestationen mit der internen Absicherung für die Nennleistung dargestellt. In der 2. Spalte der erforderliche Mindestquerschnitt bei einer selektiven Absicherung (Selektivität zur eingebauten Absicherung) und die Sicherungsgröße, LS-Schalter B-Charakteristik. Ist in der Ladestation keine Sicherung integriert, gilt als Vorsicherung der angegebene Strom bei der Nennleistung. Die Spalte 3 zeigt die gleiche Sicherungsgröße mit dem nächst höheren Leitungsquerschnitt und in der Spalte 4 und 5 werden die querschnitts- und belastungsabhängigen maximalen Leitungslängen bei einem Spannungsfall von 3 % zugrunde gelegt.

Es handelt sich bei diesen Werten **ausschließlich um Beispiele ohne Gewährleistung** der richtigen Auswahl der Leitungsquerschnitte und der maximalen Absicherung. In der Praxis sind die einschlägigen VDE-Bestimmungen, die technischen Anschlussbedingungen des Netzbetreibers (TAB), die Installationsanleitungen der Ladestationen vom Hersteller, die Belastbarkeitsgrenzen der Kabel und Leitungen vom Hersteller, die richtige Auswahl der Sicherungen sowie die Verlegeart, die Umgebungstemperatur und die Häufungsfaktoren zu berücksichtigen.

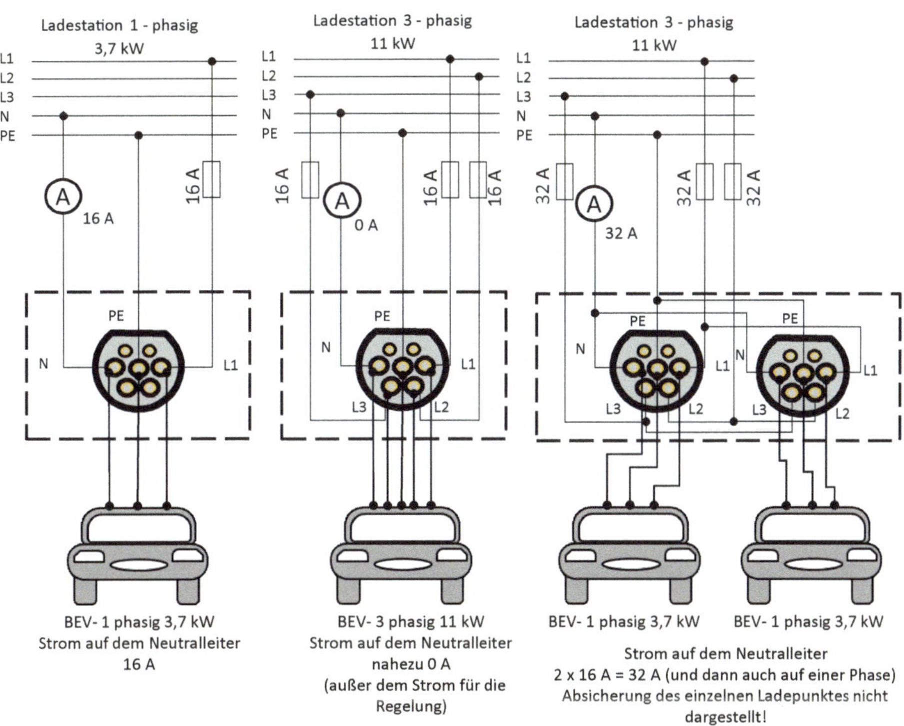

Bild 3.2 Strom auf dem Neutralleiter bei den verschiedenen Ladestationen (Quelle: eigene Darstellung J. Klinger)

3.2 Lastmanagement bei mehreren Ladepunkten an einem Anschluss

Die Größe der Ladepunkte wird durch das Modell und die Bauart bestimmt. Jetzt kommt die praktische Anwendung, bei der bei mehreren gewünschten Ladepunkten die Gesamtleistung betrachtet werden muss, die aufgrund des Hausanschlusses möglich ist oder die durch eine Vergrößerung zur Verfügung gestellt werden kann. Eine Vergrößerung des Hausanschlusses ist häufig mit hohen Kosten verbunden. Hat man nur einen Ladepunkt im Einfamilienhaus, richtet man sich zuerst nach dem vorhandenen Hausanschluss und den übrigen Verbrauchern im Wohnhaus oder Objekt.

Bei einem 35-A-Hausanschluss sollte kein 22-kW-Anschluss gewählt werden, da noch weitere Verbraucher mit einer hohen Stromaufnahme hinzukommen könnten, z. B. Elektroherd, Waschmaschine, Geschirrspülmaschine oder Elektro-Wärme- bzw. Elektro-Warmwasser-Geräte.

Üblicherweise wurden früher Geräte schon mit einem Lastabwurfrelais gesteuert, wenn nur kurzfristig ein höherer Verbrauch, z. B. durch einen Elektro-Durchlauferhitzer, realisiert werden musste. Das ausgesteuerte Gerät konnte sich selbsttätig wieder einschalten. Bei einem Ladepunkt ist aber das selbsttätige Zuschalten nicht immer gewährleistet. Lesen Sie diesen Punkt vorher in der Bedienungsanleitung des Herstellers nach.

Also sollte ggf. ein kleinerer Ladepunkt gewählt werden, damit die Geräte gleichzeitig in Betrieb genommen werden können, ohne sich zu beeinflussen.

Bei einem 63-A-Hausanschluss wird die Auswahl des Anschlusses und der Anschlussgröße schon etwas einfacher. Werden aber mehrere Ladepunkte benötigt, sollte schon vor Ort ein Lastmanagement eingeplant werden. Es gibt Ladestationen mit einem integrierten Lastmanagement, z. B. bei einer Ladestation mit zwei gleichzeitig nutzbaren Typ-2-Steckvorrichtungen. Wird z. B. nur ein Fahrzeug mit einer 22-kW-Ladeleistung angeschlossen, steht diese Leistung für das Elektrofahrzeug zur Verfügung. Kommt aber ein weiteres Fahrzeug hinzu, wird die Leistung auf beide Fahrzeuge aufgeteilt (siehe Bild 3.3). Dieses Lastmanagement kann bei vielen Ausführungen in der Ladestation oder mit einem Zubehör aktiviert werden.

Einige Hersteller von Ladestationen bieten heute einstellbare oder von außen ansteuerbare Leistungssteuerungen an. Die benötigten Zubehöre wären die Heim-Management-Systeme (HEMS Heim-Energie-Management-System), die z. B. durch Signale vom Versorgungsnetzbetreiber (TRE- bzw. FRE-Ton-Rundsteuerempfänger, Funk-Rundsteuerempfänger) oder Photovoltaikwechselrichter der PV-Anlage die Leistung vorgeben.

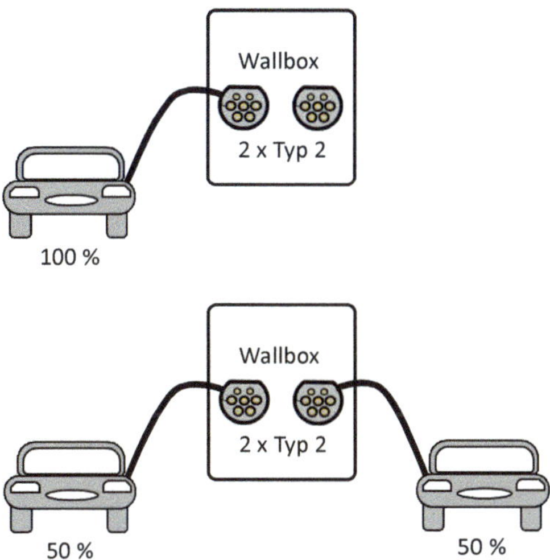

Bild 3.3 Mögliches Lastmanagement an einer Ladestation mit zwei Ladepunkten (Quelle: eigene Darstellung J. Klinger)

Beim Anschluss mehrerer Ladestationen wird in der Regel ein automatisches Lastmanagement bevorzugt, d. h., die zur Verfügung stehende Leistung teilt sich entweder gleichmäßig oder nach festen Vorgaben auf alle genutzten Ladepunkte auf (Bilder 3.4 und 3.5). Dieses Lastmanagement wird über die Datenleitung realisiert und ist häufig von den Herstellern als Zubehör erhältlich. Solche Laststeuerungen funktionieren meistens als Master und Slave-Stationen. Hier fungiert die eine Station als Master (Hauptladestation) und die anderen angeschlossenen Stationen sind als Slave (untergeordnete Ladestationen) aufgebaut.

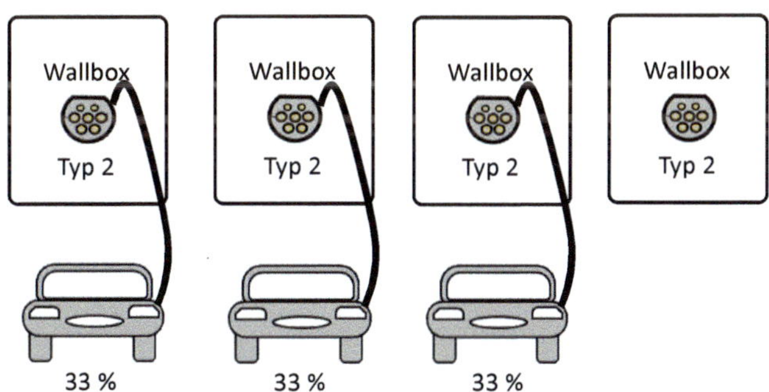

Bild 3.4 Mögliches Lastmanagement mit mehreren Ladepunkten (Quelle: eigene Darstellung J. Klinger)

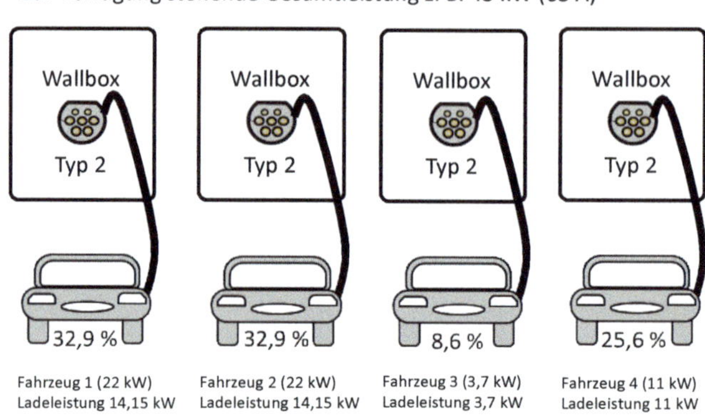

Bild 3.5 Lastmanagement an mehreren Ladestationen mit unterschiedlichen Fahrzeugen (Quelle: eigene Darstellung J. Klinger)

Dabei sind die Angaben der Hersteller in Bezug auf die maximale Anzahl der Ladepunkte zu beachten. Erschwerend kommt allerdings hinzu, dass die Produkte nicht aller Hersteller untereinander kompatibel sind, was speziell bei einer Nachrüstung beachtet werden muss.

3.3 Dynamisches oder intelligentes Lastmanagement

Wenn bei einem Objekt nicht nur die Hausanschlussgröße eine Rolle spielt, sondern auch der Gesamtverbrauch berücksichtigt werden muss, weil der Stromverbrauch zeitweise sehr hoch ist, wird ein dynamisches Lastmanagement installiert. Wenn die zur Verfügung stehende Leistung des Hausanschlusses überschritten wird, kann dann die Ladeleistung an den Ladestationen automatisch reduziert werden. Der Stromfluss wird mittels eines Messgerätes (z. B. Zähler mit Stromwandler an der Einspeisung), das den gesamten Strom messen kann, erfasst und die Ladepunkte werden über die Datenleitung so gesteuert, dass keine Überlastung des Hausanschlusses entstehen kann (siehe Bild 3.6).

Folgendes Beispiel soll dies verdeutlichen: In einem Hotel mit Restaurant wird zu den Stoßzeiten viel Energie für die Küche und das Restaurant benötigt. Die abgegebene Leistung wird nun an den Ladepunkten automatisch reduziert, damit

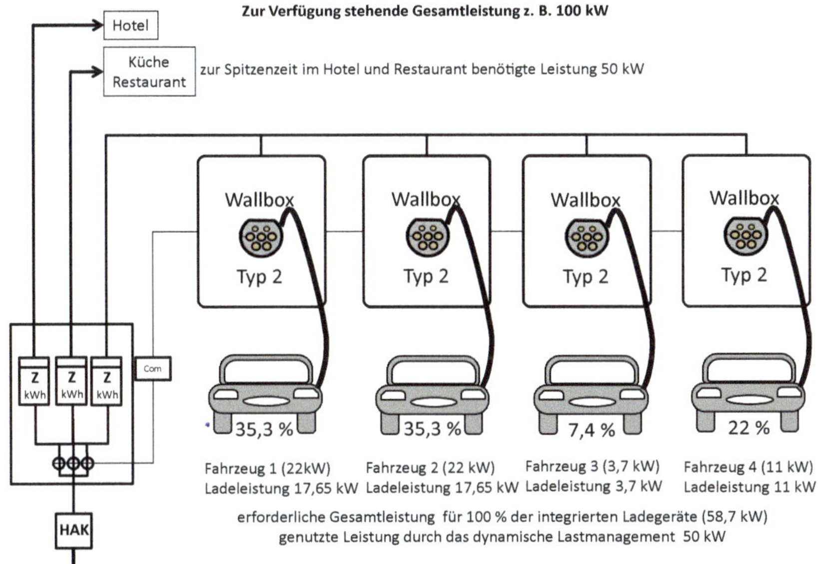

Bild 3.6 Dynamisches Lastmanagement
(Quelle: eigene Darstellung J. Klinger)

der Gesamtanschlusswert nicht überschritten wird und alle notwendigen Geräte einwandfrei in Betrieb genommen werden können. Grundsätzlich sind vor dem Aufbau solcher Anlagen die technischen Anforderungen des Versorgungsnetzbetreibers zu berücksichtigen und mit dem Versorger abzustimmen.

Darüber hinaus gibt es noch weitere Varianten des dynamischen Lastmanagements. So kann die Ladung an den Ladepunkten auch priorisiert werden, d. h., ein Ladepunkt erhält immer die höchste Priorität (siehe Bild 3.7) und damit die größte Leistung. Die restliche Leistung wird auf die anderen Ladepunkte aufgeteilt. Diese Variante ist von Vorteil, wenn ein Fahrzeug möglichst ständig bereit zum Weiterfahren sein muss, z. B. ein Arztfahrzeug oder Servicefahrzeug für Notfälle.

Eine weitere Variante des Lastmanagements wäre die zeitliche Steuerung der Aufladung bei einem günstigen Nachttarif. Dabei können die Ladepunkte über eine Steuerung aktiviert werden und bei Beginn des günstigen Tarifs automatisch aufgeladen werden. Eine zeitliche Variante wäre auch als Zeit-Management für einen Fuhrpark interessant, mehrere Fahrzeuge müssen geladen werden, es steht aber nur eine begrenzte Leistung zur Verfügung. Jetzt können die Fahrzeuge z. B. nachts automatisch gesteuert einschalten, sodass am Morgen zum Arbeitsbeginn wieder alle Fahrzeuge bereit sind.

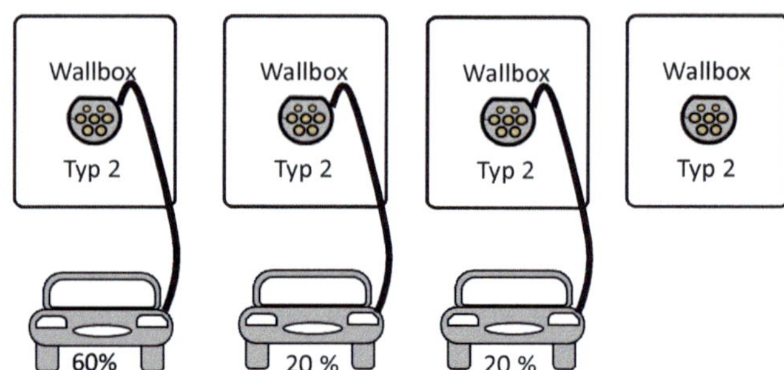

Bild 3.7 Priorisiertes Lastmanagement
(Quelle: eigene Darstellung J. Klinger)

Schließlich soll auch auf die Variante des Lastmanagements eingegangen werden, bei der vorrangig die erneuerbare Energie genutzt wird. Dabei kann der Wechselrichter in Kombination mit einem Datenlogger die Ladestation einschalten, wenn genügend Solarstrom zur Verfügung steht.

Entscheidend bei allen Varianten wäre die Kompatibilität der Ladestationen untereinander bzw. mit dem Steuersignal für alle angeschlossenen Komponenten.

Besonderheiten des Lastmanagements an Stellplätzen im Mehrfamilienhaus oder Mehrfamilien-Eigentumsobjekt

Ein weiterer Aspekt, der einer individuellen Klärung bedarf, ist das Lastmanagement an den Stellplätzen im Mehrfamilienhaus oder Mehrfamilien-Eigentumsobjekt. Wenn wir Hotel- oder Firmenparkplätze betrachten, ist das Lastmanagement relativ einfach zu realisieren, da es sich in der Regel nur um einen einzelnen Zähler handelt, mit dem gegenüber dem Netzbetreiber abgerechnet wird. Die Lastmessung kann am Zähler erfolgen, die Reduzierung der Leistung erfolgt über eine Ansteuerung der Ladestationen im Master-Slave-Prinzip oder in einer anderen herstellerabhängigen Variante.

Möchte man aber jeden Ladepunkt mit dem dazugehörigen Wohnungszähler verknüpfen, muss die Lastmessung schon vor den einzelnen Zählern im ungemessenen Bereich erfolgen. Diese Problematiken sind grundsätzlich mit dem Netzbetreiber zu klären.

Zweitens wäre zu prüfen, ob der Anschluss von der Zählerverteilung, die sich im Hausanschluss- oder Zählerraum befindet, zur Ladestation zulässig ist. Der direkte Anschluss ohne Unterverteilung aus dem Konsumentenraum der Zählerverteilung ist, laut TAB, nur für die eigene Kellerstromversorgung gedacht. Das wiederum würde eine Leitungsverlegung von der Wohnungsverteilung bis zum Stellplatz, mit größeren Leitungsverlusten, erforderlich machen. Alternativ, wenn es realisierbar ist, wäre eine jeweilige Unterverteilung vom eigenen Zähler für die Einspeisung des Ladepunktes möglich.

Welche Ladepunkte sollten hier gewählt werden? Einfach wäre es mit kleinen einphasigen Ladepunkten 3,7 kW. Nur ist die Umsetzung mit dem Lastmanagement dann nicht möglich. Der Worst Case wäre z. B. ein Wohnhaus mit 24 Wohneinheiten, in dem alle Parkplätze mit Ladestationen bestückt sind. Gesetzt den Fall, diese Ladestationen werden zufällig von 6 Fahrzeugführern benutzt, die gerade von der Arbeit nach Hause gekommen sind, und alle benutzten Stationen sind zufällig an einer Phase. Diese Überlastung könnte zwar gemessen werden, kann aber nur durch Abschalten reduziert werden. Bei dreiphasigen Ladepunkten lässt sich dagegen das Lastmanagement einfacher umsetzen. Klären Sie unbedingt vor einer Installation mit dem Netzbetreiber und den Herstellern der Ladestationen die praktische Umsetzung vor Ort. Dazu kommt noch die Leitungsverbindung aller Komponenten untereinander mit der Datenleitung, auch das sollte abgeklärt werden.

Einfacher ist es manchmal, einen anderen Weg zu gehen und ein System über einen Anbieter zu wählen, der gleichzeitig Betreiber ist und auch den Strom abrechnen oder über einen Provider abrechnen kann. In diesem Fall reicht wieder eine Zählervariante, ein Lastmanagement und das Abrechnungssystem, z. B. mit einer RFID-Karte.

Fazit: Immer dann, wenn mehrere Ladestationen benötigt werden, ist die Gesamtleistung zu beachten, auch wenn zu Beginn noch nicht alle Ladeplätze gleichzeitig genutzt werden. Zur Umsetzung ist in der Regel ein Lastmanagement erforderlich.

Die Machbarkeit sollte unbedingt vor dem Beginn der Bauarbeiten mit dem Hersteller und dem Versorgungsnetzbetreiber geklärt werden.

3.4 Vorgaben der Versorgungsnetzbetreiber (Genehmigungspflichten)

In den Technischen Anschlussbedingungen des Versorgungsnetzbetreibers ist der Anschluss von Verbrauchsgeräten mit den dazu einzuhaltenden Bedingungen beschrieben. Dort findet man eine Aufteilung nach Geräteart und maximaler Anschlussleistung und Hinweise auf die Genehmigungspflicht. Grundsätzlich gibt es hier eine Vorgabe für den Anschluss an ein einphasiges oder mehrphasiges Netz. Der maximale Anschlusswert an einem einphasigen Netz darf 4,6 kVA nicht überschreiten (Schieflastgrenze). Alle Anlagen über 4,6 kVA müssen an ein mehrphasiges Netz angeschlossen werden. Ab einer Leistung von 12 kVA ist die Anlage vorher beim Versorgungsnetzbetreiber zu beantragen und genehmigen zu lassen. Hier kann es regionale Unterschiede geben. Der Versorgungsnetzbetreiber kennt sein regionales Netz und kann unter Umständen die maximale Leistungsgröße vorgeben, die ohne Vergrößerung des Netzübergabepunktes realisierbar ist.

Sprechen Sie vorher mit Ihrem regionalen Netzbetreiber und beachten Sie immer die neuesten Technischen Anschlussbedingungen. In den Ausgaben der TAB NS Nord 2019 (November 2019) ist der Anschluss von Ladestationen für Elektrofahrzeuge unter 12 kVA anmeldepflichtig und ab 12 kVA zustimmungspflichtig, d. h., alle Ladestationen müssen angemeldet werden. Das gilt auch für mobile Ladestationen. Bitte informieren Sie sich vor dem Aufbau der Ladestation bei Ihrem Versorgungsnetzbetreiber (VNB).

Viele Versorgungsnetzbetreiber fordern heute schon einen weiteren Zählerplatz für die Ladestation. Damit sind zukünftig Optionen für einen speziellen Tarif für die Ladeinfrastruktur gegeben. Bei einigen Versorgungsnetzbetreibern hat man dadurch die Möglichkeit, auf einen unterbrechenbaren Stromtarif zu gehen (bekannt als Wärmepumpentarif). Der Preis liegt im Durchschnitt 7,5 ct unter dem Normalstromtarif. Natürlich darf dieser Tarif dann nur für die Elektromobilität genutzt werden.

Bei größeren halböffentlichen Anlagen, z. B. Parkplätze eines Supermarktes oder ähnliche, kann der Versorgungsnetzbetreiber einen neuen Netzübergabepunkt (Hausanschluss) für die Ladeinfrastruktur fordern. In diesem Fall wird als Hauptverteilung für die Ladestation z. B. eine Außenzählerverteilung mit Hausanschlusskasten gesetzt (Bild 3.8). Oder man greift auf die für diesen Zweck von der Industrie gefertigten Ladesäulen mit einem integrierten Hausanschlusskasten und den geforderten Zählerplätzen für elektronische Zähler eHZ oder mit dem genormten Zählerbefestigungskreuz zurück. Dann wird die Ladestation mit dem Hausanschluss als Master genutzt und die weiteren Ladestationen wiederum als Slave. Siehe Beispiel in Bild 3.9.

Um das Genehmigungsverfahren zu vereinfachen, sollten bei einer Beantragung der Ladestation mindestens folgende Parameter abgefragt und beim Versorgungsnetzbetreiber vorgelegt werden.

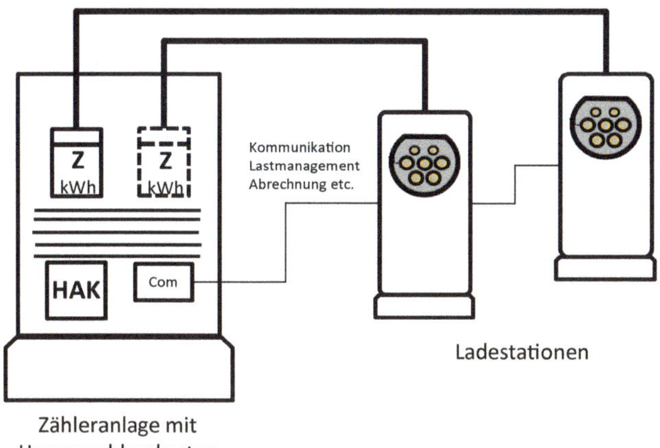

Bild 3.8 Außenzählerschrank mit Ladestationen und Kommunikation
(Quelle: eigene Darstellung J. Klinger)

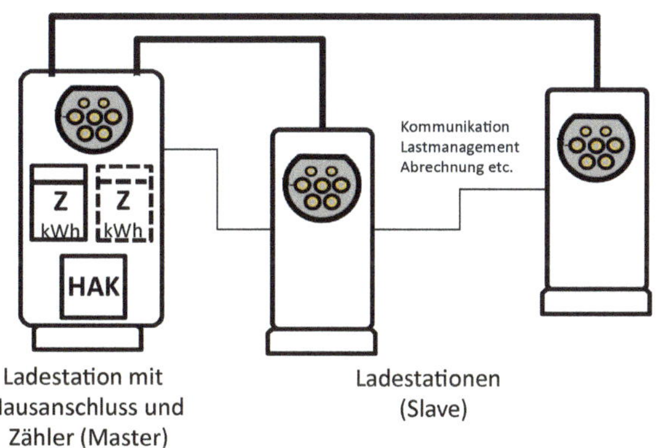

Bild 3.9 Ladestation mit integriertem Hausanschlusskasten und Zählerplätzen mit zusätzlichen Ladestationen
(Quelle: eigene Darstellung J. Klinger)

Checkliste zur Datenzusammenstellung:

- Anlagenbetreiber
- Anschlussnehmer (wenn nicht identisch)
- Ort der gewünschten Ladestation
- Nutzungsart privat oder halböffentlich
- Hersteller der Ladestation
- Ausführung der Ladestation mit Anzahl und Leistung der einzelnen Ladepunkte (Wechsel-, Drehstrom und/oder Gleichstrom)
- gewünschte Leistung der Ladepunkte als Gesamtleistung
- ggf. Antrag auf Vergrößerung des Hausanschlusses oder Neuerrichtung
- ggf. Angaben zum erforderlichen Lastmanagement
- Dokumentation mit Übersichtsschaltplan
- Lageplan
- Anlagenerrichter
- gewünschtes Datum der Inbetriebnahme

In der Regel stellt der Versorgungsnetzbetreiber entsprechende Formblätter für das Genehmigungsverfahren als Antrag zur Verfügung.

Fazit: Da in der Regel alle Ladestationen genehmigt werden müssen, ist das Gespräch mit dem Netzbetreiber unerlässlich. Das wiederum kann nur durch einen eingetragenen Fachbetrieb erfolgen.

3.5 Lademöglichkeiten im Mietobjekt

Eine eigene Ladestation im Mietobjekt aufzubauen, ist nicht ohne Weiteres möglich. Auf jeden Fall ist vor der Beauftragung der Montage und Installation vom Wohnungsmieter die Genehmigung des Vermieters einzuholen. Da der Vermieter die vorhandene Elektroinstallation in der Regel nicht abschätzen kann, benötigt er die Unterstützung des Elektromeisters. Ohne Rücksprache mit dem Vermieter sollte hier auf keinen Fall eine Installation erfolgen. Hierbei muss die Gesamtsituation betrachtet werden. Ist die erste Ladestation genehmigt, werden weitere Ladepunkte folgen. Es stellen sich folgende Fragen:

- Ist der Gesamtanschluss groß genug?
- Wie kann ich ein Lastmanagement einsetzen?

- Sind die Ladestationen dafür kompatibel?
- Könnte sich die Installation negativ für die anderen Mietparteien in Bezug auf störende Kabel und noch wichtiger auf die normale Stromnutzung (zur Verfügung stehende Leistung) auswirken?
- Kann die Leitung überhaupt zum eigenen Zähler gelegt werden?
- Ist die Unterverteilung zugänglich und kann hier eine eigene Absicherung eingebaut werden?
- Wenn nur über die Schutzkontaktsteckdose geladen wird, wie wird diese Steckdose genutzt?
- Und sind alle Sicherheitsvorrichtungen gegeben (Fehlerstromschutzschalter usw.)?

3.6 Lademöglichkeiten im Mehrfamilien-Eigentumsobjekt

Auch im Bereich der Eigentumswohnungen ist die Installation nicht ohne Weiteres möglich. Hier muss die Zustimmung von allen Miteigentümern eingeholt werden. Die Situation ist ähnlich wie im Mietobjekt, wobei die Umsetzung bei einer Zustimmung einfacher sein könnte. Probleme wird es aber immer dann geben, wenn die Mehrheit nicht zustimmt.

3.6.1 Anpassung des Wohnungseigentumsrechtes (WEMoG)

Am 1.12.2020 traten neue Regelungen im Wohnungseigentumsrecht in Kraft, nachdem der Bundesrat dem „Gesetz zur Förderung der Elektromobilität und zur Modernisierung des Wohnungseigentumsgesetzes und zur Änderung von kosten- und grundbuchrechtlichen Vorschriften – Wohnungseigentumsmodernisierungsgesetz (WEMoG)" zugestimmt hat.

Die Wohnungseigentümer oder Mieter haben künftig zum einen Anspruch darauf, in der Tiefgarage oder auf dem Grundstück des Hauses eine Ladesäule zu installieren. Das Gesetz erleichtert es Wohnungseigentümern und Mietern generell, bauliche Veränderungen vorzunehmen. Zum anderen geht es um eine effizientere Verwaltung von Wohnungseigentümergemeinschaften.

Was ändert sich für Wohnungseigentümer?

Einzelne Wohnungseigentümer können künftig grundsätzlich verlangen, dass sogenannte privilegierte Maßnahmen von den Miteigentümern zu gestatten sind.

Dazu gehören der Einbau einer Lademöglichkeit für E-Autos, ebenso Aus- und Umbaumaßnahmen für mehr Barrierefreiheit, Maßnahmen zum Einbruchschutz und für einen Glasfaseranschluss. Diese Maßnahmen bedürfen künftig nicht mehr der Zustimmung aller. Die Kosten trägt der jeweilige Eigentümer. (Weitere Informationen zu den Kosten größerer Maßnahmen unter www.bundesregierung.de → Wohnungseigentumsmodernisierungsgesetz). Auch für Mieter gelten künftig diese Ansprüche auf den Einbau einer Ladestation und auch auf Barrierereduzierung und zum Einbruchschutz.

Generell gilt, die vorhandene Elektroinstallation durch einen Elektrofachmann dahingehend zu prüfen, inwieweit eine zusätzliche Installation mit dem zusätzlichen Stromverbrauch und weiteren zukünftigen Ladepunkten umgesetzt werden kann. Auch sollte immer an ein mögliches Lastmanagement gedacht werden.

Bei einem geplanten Neubau, ob Einfamilienhaus oder Mehrfamilienhaus, sollte – auch wenn noch keine Ladestationen realisiert werden – die Installationsplanung vorausschauend mindestens die Leerrohre in der richtigen Größe, den Platz für die benötigten Sicherungen, ggf. einen weiteren Zählerplatz und auch schon einen entsprechend großen Hausanschlusskasten beinhalten. Dann kann ohne aufwendige Installationsmaßnahmen später jederzeit ein Kabel von der vorbereiteten Verteilung zum Standort der Ladestation verlegt werden. Bei allen Bauvorhaben sollte erst die Rücksprache mit dem Versorgungnetzbetreiber gehalten werden, da nur der Versorger sein Stromnetz genau kennt und Auskunft über eine eventuelle Machbarkeit geben kann!

Weitere Faktoren sollten beim Thema Nachrüstung frühzeitig einbezogen werden. Gibt es den Hersteller der Ladestation, die heute installiert wurde, auch noch, wenn eine Erweiterung für andere Eigentümer oder Mieter installiert werden soll? Was ist mit unterschiedlichen Herstellern? Wie kann ich ein Lastmanagement umsetzen, wenn die Ladestationen nicht das gleiche Protokoll haben? Kann ich ein bestimmtes Fabrikat vorschreiben? Diese Fragen stellen sich spätestens, wenn die ersten Anlagen schon aufgebaut sind. Solange alle mit dem OCPP (**O**pen **C**harge **P**oint **P**rotocol)-Standard arbeiten, sollte es, zumindest aus heutiger Sicht, möglich sein. Optional wird heute die Standard-Schnittstelle, der EEBus, der den meisten Elektrofachhandwerkern bekannt ist, auch bei der Ladeinfrastruktur eingeführt.

Optimal wäre ein zukünftiges Steuerungs-, besser noch Regelungssystem, das genau prüft, wie viel Ladung in den einzelnen Fahrzeugen noch vorhanden ist und abhängig von der vorhandenen Restladung die Fahrzeuge im gesamten zur Verfügung stehenden Zeitraum auflädt. Das bedeutet, die Fahrzeuge mit dem ganz entleerten Speicher laden zuerst ein Minimum wieder auf, werden vorrübergehend wieder abgeschaltet oder minimal weiter geladen, damit weitere Fahrzeuge die Mindestladung bekommen und schalten so rechtzeitig wieder hoch, dass bei der erneuten Nutzung am Morgen die Speicher bei allen Fahrzeugen wieder voll aufgeladen sind.

Fazit: Es gibt heute eine Reihe von Lösungen für Ladestationen in Mehrfamilien-, Miet- und Eigentumsobjekten. Momentan ist die Nachfrage von Mietern, Vermietern und auch von Wohnungseigentümern jedoch nicht sehr hoch.

3.6.2 VDI-Richtlinie für die Elektromobilität

Seit September 2020 gibt es eine Überarbeitung der VDI-Richtlinien zur Planung elektrischer Anlagen in Gebäuden, an dieser Stelle soll auf die VDI 2166 Blatt 2 hingewiesen werden.

Wie schon beschrieben, steigt der Anteil der Elektrofahrzeuge und der elektrisch aufladbaren Hybridfahrzeuge weiter an. Da die Ladeinfrastruktur schon bei der Planung der Gebäude berücksichtigt werden sollte, beschäftigt sich diese Richtlinie mit der Ausstattung der Ladeplätze und gibt Empfehlungen für Wohngebäude (Ein- und Mehrfamilienhäuser), Verkaufsstätten, Arbeitsstätten, Parkhäuser, Tiefgaragen und Fahrradabstellräume.

Die Richtlinie gilt für Neubauten und Bestandsgebäude im privaten, halböffentlichen und öffentlichen Bereich. Sie richtet sich an Planer, Architekten und Bauherren und bietet eine planerische Unterstützung bei der Ermittlung des Energiebedarfs, der technischen Einbindung der Ladestationen und der Beschilderung.

Es wird beschrieben, welche Form von Ladeplätzen in welchem Gebäude sinnvoll ist. Dazu gehören neben den Lademöglichkeiten für Elektroautos auch Varianten für Elektromotorräder, Elektroscooter und Elektrofahrräder.

3.7 Gebäudeintegrierte Lade- und Leitungsinfrastruktur

Das im März 2021 vom Bundestag beschlossene Gesetz zum Aufbau einer gebäudeintegrierten Lade- und Leitungsinfrastruktur für die Elektromobilität (Gebäude-Elektromobilitätsinfrastruktur-Gesetz GEIG) regelt die Errichtung der vorbereitenden Leitungs- und Ladeinfrastruktur in zu errichtenden, bestehenden und gemischt genutzten Gebäuden.

3.7.1 Gebäude-Elektromobilitätsinfrastruktur-Gesetz (GEIG)

Das Gesetz wurde geschaffen, um den Aufbau der Ladeinfrastruktur leitungs- und ladeseitig zu forcieren.

Die elektrische Infrastruktur beinhaltet den Teil der technischen Ausrüstung, der für den Betrieb aller elektrisch oder elektromotorisch betriebenen Anlagen des Gebäudes oder des Parkplatzes notwendig ist; einschließlich der elektrischen Leitungen, der technischen Komponenten und der damit zusammenhängenden Ausstattung.

- Bauplaner und Eigentümer sollen ihre Parkmöglichkeiten bei Neubauten und im Bestand entsprechend einplanen, nach den Vorgaben des GEIG durchführen lassen und die Lademöglichkeiten schaffen.
- Der Eigentümer des Gebäudes kann nach dem Wohnungseigentumsgesetz auch die Gemeinschaft der Wohnungseigentümer sein.
- Nutzer von Elektrofahrzeugen sollen die Möglichkeit haben, ihr Fahrzeug zu Hause oder am Arbeitsplatz aufladen zu lassen.
- Dieses Gesetz gilt nicht für Nichtwohngebäude, z. B. Verwaltungs-, Büro- oder Industriegebäude, wenn es sich um Eigentum von kleinen oder mittleren Unternehmen handelt und die Gebäude überwiegend selbst genutzt werden.
- Sind die Kosten für die vorbereitende Leitungs- und Ladeinfrastruktur bei einer Renovierung oder bei einem Umbau größer als 7 % der Gesamtkosten, gilt hier eine Ausnahme vom GEIG und es droht dadurch kein Bußgeld für den Eigentümer.

Der genaue Gesetzestext ist nachzulesen unter www.gesetze-im-internet.de/geig/.

Die Gliederung des Gesetzes lautet wie folgt:

Gebäude-Elektromobilitätsinfrastruktur-Gesetz (GEIG)

Abschnitt 1 Anwendungsbereich; Begriffsbestimmungen

§ 1 Anwendungsbereich

§ 2 Begriffsbestimmungen

Abschnitt 2 Allgemeine Vorschriften

§ 3 An das Gebäude angrenzende Stellplätze

§ 4 Leitungsinfrastruktur

§ 5 Errichtung eines Ladepunktes

Abschnitt 3 Zu errichtende Gebäude

§ 6 Zu errichtende Wohngebäude mit mehr als fünf Stellplätzen

§ 7 Zu errichtende Nichtwohngebäude mit mehr als sechs Stellplätzen

Abschnitt 4 Bestehende Gebäude

§ 8 Größere Renovierung bestehender Wohngebäude mit mehr als zehn Stellplätzen

§ 9 Größere Renovierung bestehender Nichtwohngebäude mit mehr als zehn Stellplätzen

§ 10 Bestehende Nichtwohngebäude mit mehr als 20 Stellplätzen

Abschnitt 5 Gemischt genutzte Gebäude, Lade- und Leitungsinfrastruktur im Quartier, Unternehmererklärung und Ausnahmen

§ 11 Gemischt genutzte Gebäude

§ 12 Lade- und Leitungsinfrastruktur im Quartier

§ 13 Unternehmererklärung

§ 14 Ausnahmen

Abschnitt 6 Bußgeld- und Schlussvorschriften

§ 15 Bußgeldvorschriften

§ 16 Übergangsvorschriften

§ 17 Inkrafttreten

Tabelle 3.2 zeigt die gesetzlichen Vorgaben in einer Übersicht.

Tabelle 3.2 Vorgaben des GEIG für Wohngebäude und Nichtwohngebäude

	Neubau	**Bestand**
Wohngebäude	Mehr als 5 Stellplätze: Jeder Stellplatz ist mit Leitungsinfrastruktur (z. B. Leerrohre oder Kabelschutzrohre) auszurüsten. Eine Quartierslösung für mehrere Gebäude ist zulässig.	Mehr als 10 Stellplätze: Bei größerer Renovierung einschl. Parkplatz oder elektrischer Infrastruktur erhält jeder Stellplatz eine Leitungsinfrastruktur. Eine Quartierslösung für mehrere Gebäude ist zulässig.
Nichtwohngebäude	Mehr als 6 Stellplätze: Jeder 3. Stellplatz ist mit Leitungsinfrastruktur auszustatten und es ist mind. 1 Ladepunkt zu errichten. Eine Quartierslösung für mehrere Gebäude ist zulässig.	Mehr als 10 Stellplätze: Bei größerer Renovierung einschl. Parkplatz oder elektrischer Infrastruktur erhält mind. jeder 5. Stellplatz eine Leitungsinfrastruktur und mind. 1 Ladepunkt ist zu errichten. Eine Quartierslösung für mehrere Gebäude ist zulässig. Nach dem 25.1.2025 ist bei mehr als 20 Stellplätzen 1 Ladepunkt zu errichten.
Gemischte Nutzung als Wohngebäude und Nichtwohngebäude	Je nachdem, welche Nutzung überwiegt, danach richtet sich die Vorgabe (siehe oben).	Bei größerer Renovierung einschl. Parkplatz oder elektrischer Infrastruktur: Je nachdem, welche Nutzung überwiegt, danach richtet sich die Vorgabe (siehe oben).

3.8 Ladestationen in Parkhaus oder Tiefgarage

Für die Gebäudeart Parkhäuser und Tiefgaragen gibt es besondere Vorschriften und Landesbauordnungen, daher sollten die jeweiligen Vorgaben auf jeden Fall beachtet werden. Dies gilt für die Planung der Montageorte für die Ladepunkte, die Kabel- und Leitungsführung einschließlich der Brandlast und Brandabschottung sowie die Absicherung über zusätzliche Fehlerstromschutz-Einrichtungen und den Überspannungsschutz. Da es sich in den meisten Fällen um eine nachträgliche Installation handelt, sollte ein Bausachverständiger dazu geholt und befragt werden. Zu beachten sind unter anderem die bundeslandspezifischen Garagenverordnungen, die jeweilige Leitungsanlagen-Richtlinie sowie auch hier DIN VDE 0100-722.

Bauabschnitte, die abgeschottet und entlüftet werden können, Brandschutz, Brandmeldeanlagen, Löschanlagen, Vorschriften für die benachbarte Raumnutzung, benötigte Gesamtleistung sind hier nur einige Beispiele, die beim Aufbau von Lademöglichkeiten im Parkhaus und in der Tiefgarage berücksichtigt werden müssen.

Das Aufladen sollte nur mit geeigneten Steckvorrichtungen erfolgen, die auch für die volle Belastung über einen längeren Zeitraum geeignet sind. Schuko-Haushaltssteckdosen sind nicht geeignet. Bei der Planung ist immer mit einem Gleichzeitigkeitsfaktor von 1 zu rechnen. Gegebenenfalls ist eine Laststeuerung zu berücksichtigen.

Nicht zu vernachlässigen ist auch hier die Leitungsverlegung, wobei insbesondere das Ladekabel zum Fahrzeug zu beachten ist. Dies sollte nicht vom Nachbarparker überfahren werden können, weil das Ladekabel nur diagonal zum Fahrzeug geführt werden kann.

Unterstützung bei der Planung und beim Bau größerer Anlagen bieten unter anderem Firmen wie ABB, Schneider Electric, Gustav Hensel GmbH & Co. KG mit Enycharge, Mennekes und Keba.

Die Presse berichtete in letzter Zeit von Bränden in Tiefgaragen. Sind die Gefahren durch parkende Elektroautos in Parkhäusern oder Tiefgaragen größer als bei einem Fahrzeug mit Verbrennungsmotor? Ein Brand, der beim Parken eines E-Fahrzeuges entsteht, ist vom Risiko ähnlich wie ein Brand mit einem Fahrzeug mit Verbrennungsmotor. Entscheidend ist hier der Löschvorgang. Bei den von Verbrennungsmotoren angetriebenen Fahrzeugen kennt die Feuerwehr die Vorgehensweise und die Löschmöglichkeiten. Bei den Bränden mit Akkumulatoren gibt es noch nicht so viele Erfahrungen wie bei den Verbrennungsmotoren. Das gleiche gilt natürlich für die Ladegeräte, die über einen langen Zeitraum große Energiemengen in den Akku transportieren. Die Feuerwehr sollte die Möglichkeit haben, die Energiezufuhr zu unterbrechen und gegebenenfalls das Elektrofahrzeug so zu kapseln, dass der Brand gelöscht wird. Die entstehenden Temperaturen sind weitaus höher als bei Fahrzeugen mit Verbrennungsmotor, dadurch können bei einem Feuer zusätzlich Probleme am Gebäude entstehen (Statik).

3.9 Varianten der Ladetechnik

Neuerdings findet man in den Medien den Vorschlag, der teilweise schon umgesetzt wird, Straßenlaternen mit Typ-2-Steckdosen zu versehen. An diesen Laternenpfählen sollen dann die Fahrzeuge mittels eines Ladekabels angeschlossen und aufgeladen werden. Der Vorteil wäre eine schnelle Verbreitung der Ladeinfrastruktur. Das Ladekabel beinhaltet eine Box, mit der die Freigabe und Abrechnung realisiert werden. Das würde aber bedeuten, dass die Straßenbeleuchtung entweder am Tage angeschaltet sein muss oder eine weitere stromführende Leitung vorhanden ist. Darüber hinaus muss das Leitungsnetz für die Last geeignet sein. Ausgegangen wird hier von einer größeren Anzahl von Fahrzeugen, die zum Aufladen angeschlossen wird.

Diese Ladevariante wirft Fragen auf: Wie kann in diesem Fall ein Lastmanagement berücksichtigt werden? Wie hoch ist die tatsächliche Spannung, wenn hier keine Lampe, sondern ein 3,7-kW-Verbraucher angeschlossen ist? Wie wird verhindert, dass die Steckdose ohne das Ladekabel mit der Box benutzt wird? Wo ist der RCD-Schutzschalter? Auf den Typ-2-Stecker könnte nach Ladesäulenverordnung verzichtet werden, weil es sich um Anlagen unter 3,7 kW handeln könnte, aber wenn es viele Anlagen sind?

Da die Anlagen schon gebaut wurden, kann davon ausgegangen werden, dass es funktioniert und die Abrechnung dem deutschen Eichrecht entspricht. Ich habe den Hersteller angeschrieben, aber keine weiteren Informationen erhalten.

In Berlin, München und London zum Beispiel sind solche Varianten installiert, es soll problemlos möglich sein [10].

4 Nutzung der erneuerbaren Energien zur Fahrzeugladung

Wie schon eingangs beschrieben, wäre die erneuerbare Energie der Idealfall für die Elektromobilität. Aber nicht jeder hat eine Windkraftanlage im Garten stehen, die rund um die Uhr Energie erzeugt. Doch selbst kleine Photovoltaikanlagen können ihren Beitrag dazu leisten, um die Umwelt zu entlasten und die Fahrtkosten für das Elektrofahrzeug zu verringern.

Eine Photovoltaikanlage mit Südausrichtung, bei einem 30° geneigten Schrägdach erzeugt in Deutschland ca. 850 kWh bis 980 kWh pro kWp[1]/Jahr.

Wenn das Fahrzeug jetzt bei Sonnenschein an der Ladestation angeschlossen ist, lässt es sich zum Selbstkostenpreis (Stromgestehungskosten) aufladen. Mit dem Ertrag einer 1-kWp-Photovoltaikanlage könnte ein Fahrzeug bei einem Durchschnittsverbrauch von 15 bis 20 kWh/100 km ca. 50 km weit fahren. Da das Elektromobil aber nicht immer während der zur Verfügung stehenden Sonneneinstrahlung an der Ladestation steht, ist es nur ein theoretischer Wert. Entscheidend wäre jetzt aber der Ertrag pro Tag oder der Ertrag pro Stunde, an dem das Fahrzeug an der Ladestation angeschlossen ist. Leider erzeugt die Anlage nicht an jedem Tag die gleiche Energie, im Sommer und im Frühjahr ist der Überschuss häufig sehr groß und im Herbst und in den Wintermonaten eher gering. Eine Prognose kann nur erstellt werden, wenn alle Parameter bekannt sind. Eine Photovoltaikanlage nur für das Elektrofahrzeug aufzubauen, wird sich nur schlecht berechnen lassen. Sinnvoll ist es, neben dem Fahrzeugstrom auch den Haushaltsstrom zu berücksichtigen. Bei einer Photovoltaikanlage wird heute die Eigennutzung in den Vordergrund gestellt, dazu gehört idealerweise eine hohe Selbstnutzung des solar erzeugten Stromes.

Es muss nicht immer das Süddach sein. Wenn man in der Mittagszeit selten mit dem Fahrzeug zum Aufladen zu Hause ist, kann man die Energie auch nicht im Fahrzeug speichern. Wenn die Dachfläche Richtung Osten geneigt ist, wäre es die

---

[1] Ein kWp ist die Leistung der Anlage unter den STC-Bedingungen (Standard Test Bedingungen), bei einer Einstrahlung von 1 000 W, 25 °C Umgebungstemperatur und einem bestimmten Lichtspektrum 1.5 AM (Air Mass). Beispiel: Ein Photovoltaik-Modul mit der Nennleistung 290 Wp hat unter den genannten STC-Bedingungen 290 W, bei abweichenden Werten, z. B. der Temperatur, Himmelsrichtung und Neigung, reduziert sich in der Regel dieser Wert.

ideale Ausrichtung, um den Strom am Vormittag zu nutzen und bei der Westausrichtung passt die Aufladung am Nachmittag dazu. Eine weitere Variante wäre das Zwischenspeichern in einen Home-Speicher. Wenn am Abend das Fahrzeug geladen werden soll, kann ein Teil der Energie aus dem Home-Speicher genommen werden, den man tagsüber mit der Sonne aufgeladen hat.

Schließlich sollte bei einem Wunsch, das Fahrzeug mit der Photovoltaikanlage aufzuladen, über die Größe des Ladepunktes nachgedacht werden. Würde man jetzt zu Hause einen Ladepunkt mit 11 kWp installieren, hätte man zwar eine schnelle Aufladung. Wenn die Photovoltaikanlage aber nur 800 W produziert, würde der Rest aus dem Stromnetz automatisch dazu genommen werden. Das bedeutet, 0,8 kW aus der Photovoltaikanlage zu den Gestehungskosten und 10,2 kW aus dem Stromnetz, und das zum normalen Strompreis. Wenn man das Fahrzeug mit möglichst viel Sonnenenergie aufladen möchte, wäre ein kleiner Ladepunkt besser. Dann könnte man mit einer kleinen Leistung über eine längere Zeit das Fahrzeug an der hauseigenen Photovoltaikanlage aufladen. Von der Industrie werden heute auch Ladestationen angeboten, die in Verbindung mit einem Datenlogger vom PV-Wechselrichter eingeschaltet werden können. Bei einem Solarertrag wird nur die kleine Leistung freigegeben und wenn keine Sonne scheint, steht die Gesamtleistung der Ladestation zur Verfügung. Möglich ist solch eine Schaltung beispielsweise bei den Ladestationen, die für unterschiedliche Tarife und daraus resultierenden verschiedenen Leistungen gebaut sind.

Es gibt immer wieder interessante Beispiele für die Anbindung der Elektromobilität an die erneuerbare Energie. Einmal hat mir ein Handwerker auf einer Messe vorgerechnet, wie effektiv es ist, wenn ich mir einen Carport mit einer 5-kWp-Photovoltaikanlage baue, ich das Fahrzeug mit 3,7 kW aufladen, 1 kW im Haus verbrauchen und den Rest noch einspeisen kann. Die Rechnung, bezogen auf den Jahresertrag, mag hinkommen. Das Fahrzeug aber mit 3,7 kW aus der Photovoltaikanlage aufzuladen, wird nicht an allen Tagen im Jahr, sondern nur bei Sonnenhöchststand möglich sein. Die Spitzenleistung der Anlage wird bestimmt erreicht werden, reicht aber nicht kontinuierlich aus, um das Fahrzeug über Stunden mit 3,7 kW aufzuladen. Wird jetzt aber der Strom bilanziert, dann kann das Ergebnis passen.

Das Bild 4.1 zeigt beispielhaft den Tagesertrag einer Photovoltaikanlage in Kiel. Hier ist das Fahrzeug zum Aufladen angeschlossen, die Größe des Ladepunktes beträgt 3,7 kW. Nur innerhalb einer kurzen Zeit wird die komplett benötigte Leistung abgedeckt.

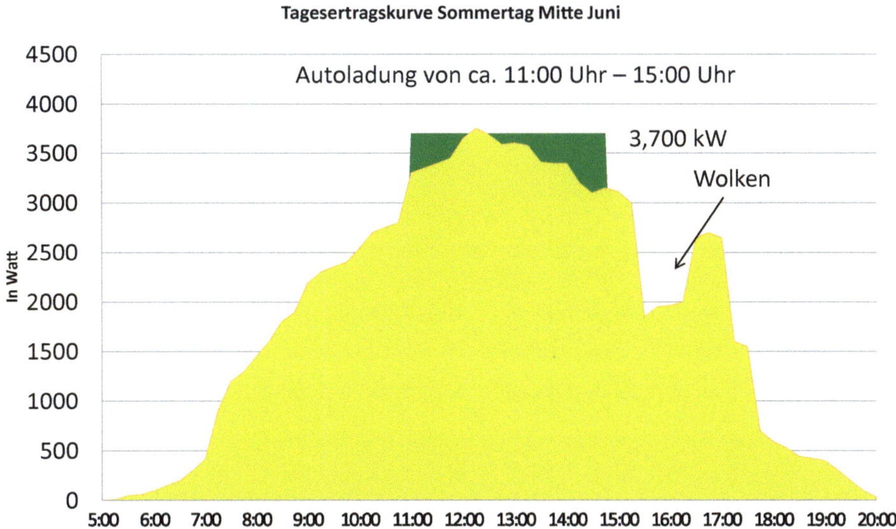

Bild 4.1 Tagesertrag einer PV-Anlage, Beispiel (Quelle: eigene Darstellung J. Klinger)

4.1 Wie lässt sich berechnen, ob die Photovoltaik lohnenswert für die Elektromobilität ist?

Es gibt heute Auslegungsprogramme für Photovoltaikanlagen, z. B. PV-Sol expert, bei denen sich das Elektrofahrzeug mit den dort hinterlegten Werten in die Ertragsprognose integrieren lässt. Das Programm benötigt bestimmte Parameter für die Ertragsprognose:

- Standort der gewünschten Photovoltaikanlage,
- Himmelsrichtung und Neigung der Dachfläche,
- bei Flachdächern den gewünschten Aufstellwinkel der Module,
- mögliche Verschattungen, die den Ertrag beeinflussen könnten,
- Normalstromverbrauch des Objektes und das Verbrauchsprofil (wann wird der Normalstrom gebraucht, hauptsächlich am Vormittag, hauptsächlich am Nachmittag, Mittagsspitze oder Abendspitze usw.),
- Kilowattstundenpreis (Tarif) für die verbrauchte Kilowattstunde,

- Fahrzeughersteller, Fahrzeugtyp und Anschlussleistung,
- Zeit und Dauer, die das Fahrzeug an der Ladestation steht,
- Fahrstrecke pro Tag,
- optional mit der Berücksichtigung der Steuerung der Aufladung durch den Wechselrichter der Photovoltaikanlage,
- optional mit einem Akkusystem.

Das Ergebnis der Ertragsprognose spiegelt dann den Wert der Selbstnutzung „Eigenstrombedarf gesamt“, bei einem Akku den Autarkiegrad und den Selbstnutzungsanteil des Elektrofahrzeugs wider. Im Endergebnis kann man in der Ertragsprognose sehen, wie hoch die Kosten für das Aufladen des Fahrzeuges auf 100 km wären, mit und ohne solare Unterstützung. In naher Zukunft wird es die Option geben, den Speicher des Elektrofahrzeugs gleichzeitig auch als Home-Speicher zu nutzen. Siehe dazu Abschn. 4.2 Vehicle-to-Grid.

Im folgenden Beispiel habe ich eine Musterrechnung aufgestellt, um zu zeigen, dass sich eine Photovoltaikanlage in Verbindung mit der Elektromobilität und der Selbstnutzung des Haushaltsstromes lohnen kann.

Welche Parameter habe ich hier berücksichtigt?

Zugrunde gelegt wurden die durchschnittlichen Stromverbräuche im Einfamilienhausbereich.

Der Durchschnitt der letzten Jahre liegt bei einem 3-Personen-Haushalt bei 3 500 kWh/Jahr und bei einem 4-Personen-Haushalt bei 4 000 bis 5 000 kWh/Jahr [11].

Eine passende Photovoltaikanlage dazu sollte eine Größe von ca. 4 bis 5 kWp haben.

Der Ertrag dieser Anlagengröße mit einer Südausrichtung liegt bei ca. 3 800 bis 4 500 kWh/Jahr. Davon können ca. 25 bis 30 % als Eigenverbrauch angenommen werden. Werden im Haushalt gezielt Geräte gesteuert, kann der Eigenverbrauch bis auf 35 bis 40 % angehoben werden. Warum kann im Wohnhaus nicht noch mehr Energie gespeichert werden? Da der solare Ertrag von Januar bis Dezember sehr unterschiedlich ist, wird in den kalten Monaten, mit einem niedrigen Sonnenstand, die erzeugte Energie nicht ausreichen, um den Bedarf abzudecken, und in den Monaten mit dem hohen Sonnenstand wird immer ein Überschuss vorhanden sein, der nicht selbst genutzt werden kann. Es wird also ein Mittelwert gebraucht, der wirtschaftlich und ökologisch sinnvoll ist.

Das gilt natürlich auch für die Speichergröße der Photovoltaikanlage. Ein kleiner Speicher würde immer be- und entladen werden und ermöglicht dadurch einen bestimmten Autarkiegrad bzw. Selbstnutzungsanteil. Ein großer Speicher verbessert den Autarkiegrad, kann aber unter Umständen im Herbst und Winter nicht mehr voll aufgeladen werden. Als Faustwert für die Speichergröße gilt: Zu einer Anlagengröße von 4 bis 5 kWp passt auch ein Speicher mit 4 bis 5 kWh, und damit kann der Eigenverbrauch auf 55 bis 65 % angehoben werden. Dabei spielt natürlich auch das Nutzerverhalten eine große Rolle.

Nun reicht so ein Home-Speicher nicht aus, um den Speicher des Elektrofahrzeuges komplett aufzuladen. Es reicht aber für einige Kilometer Fahrstrecke. Wird aber der Gesamtertrag berücksichtigt, indem das Fahrzeug schon für einige Stunden am Tage an der Ladestation aufgeladen werden kann, können die Fahrtkosten und die Stromkosten zu Hause schon reduziert werden.

Ein weiterer Aspekt sind die steigenden Energiepreise. Das Autofahren wird in Zukunft teurer werden, ob mit Elektroenergie oder mit fossilen Energieträgern. Nur mein solar erzeugter Strom bleibt bei den Selbstkosten.

Ebenso spielt der Umweltgedanke bei der Elektromobilität eine große Rolle. Der Gedanke, ein Elektrofahrzeug zu fahren, ist geprägt von der Minimierung der Umweltbelastung, die durch Fahrzeuge mit Verbrennungsmotor entsteht. Bei größeren Photovoltaikanlagen im Gewerbebereich können größere Speicher geladen werden, die genügend Energie für viele Kilometer Fahrstrecke zur Verfügung stellen. Und nebenbei könnten im Gewerbebereich die Mitarbeiter ihr Elektrofahrzeug tagsüber umweltfreundlich aufladen.

Beispielzahlen zu einer Photovoltaikanlage mit 4,5 kWp, Standort Kiel, siehe Bild 4.1:

- ausgelegt mit PV-Sol Premium 2017 (R2) von Valentin Software GmbH Berlin
- Lastprofil nach BDEW – Lastprofil Haushalt (H0) 4 500 kWh/Jahr
- Schrägdach, Dachneigung 45°, Südausrichtung (siehe Bild 4.2)
- Elektrofahrzeug 11 kW mit dreiphasigem Anschluss
- Durchschnittsverbrauch 12,9 kWh/100 km (hinterlegt bei PV-Sol)
- Batteriekapazität 40 kWh, Motorleistung 50 kW/68 PS
- das Fahrzeug steht in der Regel
  - von 17:00 Uhr am Nachmittag bis um 07:00 Uhr am nächsten Morgen sowie
  - von 12:00 Uhr bis 14:00 Uhr und
  - wieder von 17:00 Uhr bis Mitternacht zum Aufladen zu Hause.

Bild 4.2 Musterprojekt PV-Anlage
(Quelle: eigene Darstellung aus PV-Sol Expert, J. Klinger)

Die Fahrstrecke beträgt ca. 50 km/Tag, Fahrleistung ca. 18 250 km/Jahr. (Das Programm unterscheidet noch nicht zwischen Wochentag und Wochenende).

Die Stromgestehungskosten würden bei ca. 0,09 Euro/kWh liegen, wenn ein marktüblicher Installationspreis der Anlage (zzgl. der ges. MwSt.) zugrunde gelegt wird. Die Amortisationsdauer der Anlage liegt dabei unter 10 Jahren (ohne Finanzierungskosten). Die Fahrtkosten ohne Photovoltaik würden bei ca. 3,07 Euro/100 km liegen und die Fahrtkosten mit Photovoltaik bei ca. 2,25 Euro/100 km. Die Basis wäre ein Strompreis von 0,29 Euro/kWh.

Die Photovoltaikanlage würde ca. 4068 kWh Strom im Jahr erzeugen, davon können ca. 1 599 kWh im Haus und ca. 1 124 kWh für das Elektrofahrzeug genutzt werden. Die Netzeinspeisung beträgt ca. 1 345 kWh Strom pro Jahr. Das bedeutet, der Eigenverbrauch würde bei ca. 67 % liegen.

Bei dieser angenommenen Jahresfahrstrecke und dem Verbrauch von 12,9 kWh/100 km würde das Fahrzeug 2 530 kWh Ladung benötigen. Mit der solaren Nutzung (ca. 1 124 kWh pro Jahr) wären es nur noch 1 406 kWh, die gekauft werden müssten. Umgerechnet auf die gesamte Fahrstrecke pro Jahr entspricht der solare Anteil 8 120 km Fahrstecke.

In Bild 4.3 sieht man deutlich die unterschiedlichen Erträge pro Monat. Die gelbe Linie der Grafik zeigt den Gesamtertrag der Photovoltaikanlage an. In jedem Monat wird ein Teil der umgewandelten Solarenergie vom Elektrofahrzeug aufgenommen (dunkelgrüner Teil der Balkengrafik). Der selbstgenutzte Haushaltsstrom ist im unteren Bereich zu erkennen. Der obere blaue Bereich der Balkengrafik zeigt die Überschusseinspeisung. Bild 4.4 zeigt die Werte der gleichen Photovoltaikanlage, nur ohne das Laden des Elektrofahrzeuges.

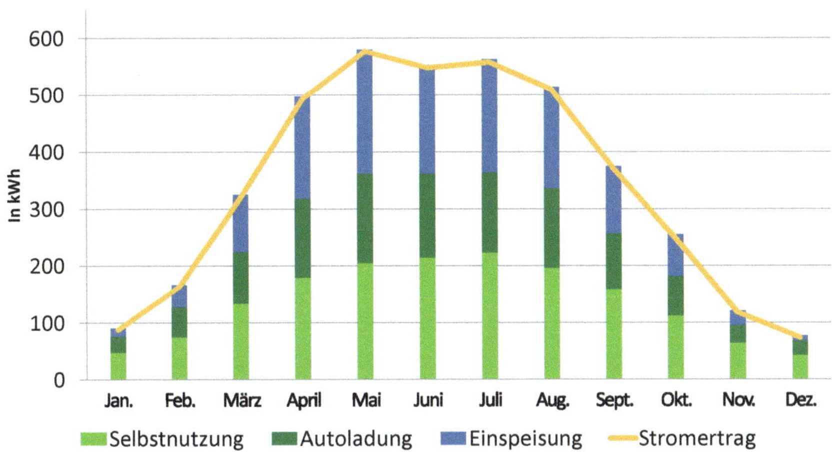

Bild 4.3 Jahresertragskurve PV-Anlage 4,500 kWp, Standort Kiel, 45° Dachneigung, Südausrichtung mit Selbstnutzung und Aufladung des Elektrofahrzeugs (Quelle: eigene Darstellung mit PV-Sol, J. Klinger)

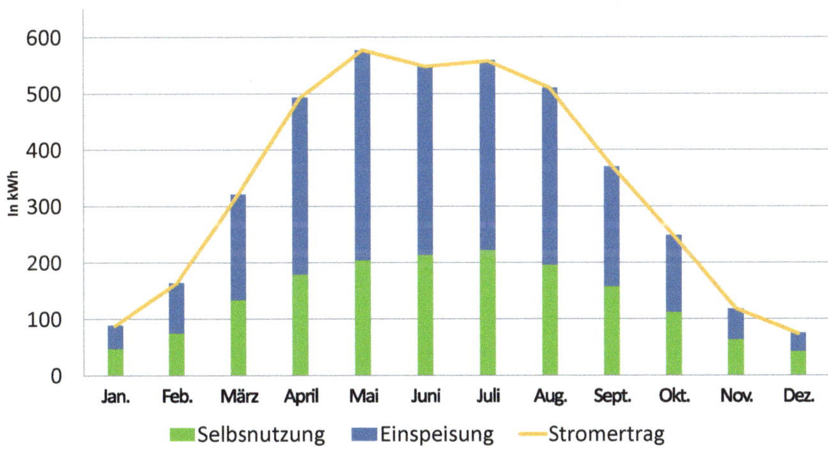

Bild 4.4 Jahresertragskurve PV-Anlage 4,500 kWp, Standort Kiel, 45° Dachneigung, Südausrichtung mit Selbstnutzung ohne Elektrofahrzeug (Quelle: eigene Darstellung mit PV-Sol, J. Klinger)

Bei der Nutzung der erneuerbaren Energie kommen in Zukunft mehrere Aspekte hinzu:

- Die Stromgestehungskosten für den Solarstrom reduzieren sich durch die sinkenden Anlagenkosten. Deshalb spricht vieles auch für eine größere Photovoltaikanlage, um die Fahrzeugaufladung zu unterstützen.
- Über die ehemalige Förderung, das 100 000-Dächer-Programm, sind wir 2004 zur Änderung des EEG gekommen (Erneuerbare-Energien-Gesetz). Die Anlagen, die 2004 neu aufgebaut wurden, bekamen eine feste Einspeisevergütung von mind. 45,7 Cent/kWh, gestaffelt nach Anlagengröße (bis 30 kW: 57,4 Cent/kWh, ab 30 kW: 54,6 Cent/kWh, und 54 Cent/kWh für Anlagen über 100 kW). Diese Vergütung gab es für 20 Jahre plus dem Inbetriebnahmejahr, d. h., die Anlagen aus 2004 erhalten ab 2025 keine Einspeisevergütung mehr. Diese Anlagen funktionieren aber weiter und wären prädestiniert für den Umbau auf Eigenversorgung. Zumal die Anlagen nicht auf Selbstnutzung, sondern auf Volleinspeisung ausgelegt wurden.
- Die neue Förderung für Gewerbetreibende (KfW-Programmnummer 441) bietet sich direkt an für eine Kombination mit der Photovoltaik.
- Als Beispiel eine typische Situation aus der Praxis zur Ladeinfrastruktur:
  - Ein Gewerbebetrieb möchte aufrüsten und den Fuhrpark auf Elektrofahrzeuge umstellen. Dafür muss die Ladeinfrastruktur neu aufgebaut werden.
  - Eine Photovoltaikanlage ist nicht vorhanden, es handelt sich um ein Gewerbe mit vielen Büroräumen. Eventuell spielt auch die Klimatisierung dieser Räume in Zukunft eine Rolle.
  - Bei der Ladeinfrastruktur bietet sich die aktuelle Förderung an, und die Deckung des Energiebedarfs könnte durch eine Photovoltaikanlage ergänzt werden. Energietechnisch passt die Klimatisierung gerade in den heißen Sommermonaten dazu, wenn der Solarstrom im Überfluss vorhanden ist.

Fazit: Die private oder gewerbliche Nutzung der erneuerbaren Energien kann die Betriebskosten für die Elektrofahrzeuge senken, aber nicht den kompletten Strombedarf abdecken. Zukünftig wird aber durch die Anpassung der Altanlagen (bei Entfall der Einspeisevergütung) ein nennenswerter Anteil durch erneuerbare Energien erzeugt werden.

Die Realisierung der solaren Fahrzeugaufladung als Überschussladung kann heute mit dem entsprechenden Energiemanagement (über eine App, Home Manager, Datenlogger etc.) sowie den Komponenten der Ladesäulenhersteller und Wechselrichterproduzenten erreicht werden.

4.2 Vehicle-to-Grid (V2G) Fahrzeug an das Netz

Seit einigen Jahren bekommt der Fahrzeugspeicher noch eine andere zukünftige Bedeutung. Nicht nur das Elektrofahrzeug soll die zugeführte Energie nutzen, das Prinzip lässt sich auch umdrehen. Wenn man das Elektrofahrzeug zu Hause anschließt, kann die im Fahrzeug gespeicherte Energie auch im Haus genutzt werden und dadurch das Stromnetz entlasten. Mit so einer Art Schwarmspeicher kann auch von öffentlichen Ladestationen in das Netz eingespeist werden. Dadurch wäre es möglich, Spitzenlastkraftwerke in bedingtem Maße einzusparen. Allerdings würde dafür eine hohe Anzahl von Elektrofahrzeugen und Ladestationen benötigt.

Der CHAdeMO-Stecker ist heute schon für V2G geeignet, andere Stecker werden folgen. Seitens der Fahrzeugindustrie gibt es bereits Fahrzeuge für die Nutzung als Schwarmspeicher. Näheres finden Sie im Internet unter dem Begriff „Vehicle-to-Grid“ bzw. „V2G Fahrzeuge“. Die Versorgungsnetzbetreiber werden zukünftig Richtlinien für diese Nutzung in den TAB herausgeben. Modellversuche laufen schon in Japan mit Mitsubishi. Die Idee wurde nach der Atomkatastrophe von Fukushima weiterentwickelt.

Den Fahrzeugspeicher als Home-Speicher nutzen

Eine gleichartige Variante wäre die Nutzung des Elektrofahrzeuges als Home-Speicher. Dazu gibt es bereits verschiedene Ansätze, die davon ausgehen, dass der Speicher, wenn er täglich an der Photovoltaikanlage nachgeladen wird, ausreichend Energie hat, um einen Teil der Energie wieder an die Verbraucher im Haus abzugeben, da der nächtliche Hausverbrauch nur einen Bruchteil der vorhandenen Speicherkapazität in Anspruch nehmen würde. Das wird in dem Moment interessant, wenn die Speicherkapazitäten in den Elektrofahrzeugen weiter ansteigen.

Fazit: Da Elektroenergie sich nicht überall einfach speichern lässt, ist diese Form des Fahrzeugspeichers ein weiterer Baustein zur Ablösung der fossilen Kraftwerke. Durch den Preisverfall bei den Speichern gehen die Verkaufszahlen im Moment aber tendenziell zu den Home-Speichern.

5 Ladeinfrastruktur für weitere Elektrofahrzeuge

5.1 Elektrofahrräder (Pedelec) im halböffentlichen Bereich

Neben den Elektroautos dürfen wir die Elektromobilität anderer Fahrzeuge nicht vergessen. Ein Thema ist das Aufladen von Elektrofahrrädern. Gerade im Bereich der Fahrräder zeichnet sich seit 2020 eine extreme Entwicklung mit rapide wachsenden Zahlen ab. Durch die Covid-19-Pandemie hat sich ein Großteil des Personenverkehrs vom ÖPNV auf das Fahrrad bzw. E-Bike verlagert. Folglich werden auch hier Lademöglichkeiten benötigt.

Mussten früher immer die Fahrräder zur Steckdose geschoben oder die Treppe hinaufgetragen bzw. lange Verlängerungsleitungen ausgelegt werden, kann man heute einfach den Akku herausnehmen und in der Wohnung aufladen. Eine normale Schutzkontaktsteckdose reicht zum Laden des Akkus aus.

Solange man zu Hause oder bei seinem Arbeitgeber den Strom aus der Steckdose nutzen kann, wird es kein großes Problem geben. Fährt man aber in das nächste Schwimmbad, in die Stadt zum Einkaufen oder am Wochenende zum Essen in ein Restaurant, dann kommt nicht nur die Frage auf, wie und wo man sein Fahrzeug wieder auflädt, sondern auch, wo bewahrt man sein Fahrradequipment auf (die dicke Regenjacke, Luftpumpe usw.). Für solche Zwecke baut die Industrie heute spezielle Schränke (Bilder 5.1 und 5.2) mit Elektroanschluss für das Ladegerät (meistens lässt sich dort auch das Mobiltelefon noch aufladen), natürlich abschließbar mit Platz für den Fahrradhelm, Jacke und Zubehör. Optisch ähneln diese Schränke den Schließfächern im Bahnhof. Sollten Sie also einmal einen Ladepunkt bei einem Restaurant installieren, das wäre ein weiterer Auftrag.

Beispiel für eine Bike-Ladestation

Herstellerbezeichnung CUBE 400 E-Bike Ladestation, Walther-Werke

- 3 bis 9 Ladefächer mit Schutzkontaktsteckdose
- Ladeleistung je Ladepunkt 1,4 kW
- mit Fehlerstromschutzschalter Typ A
- LS-Schalter integriert
- Münzpfand- oder Münzkassierschloss

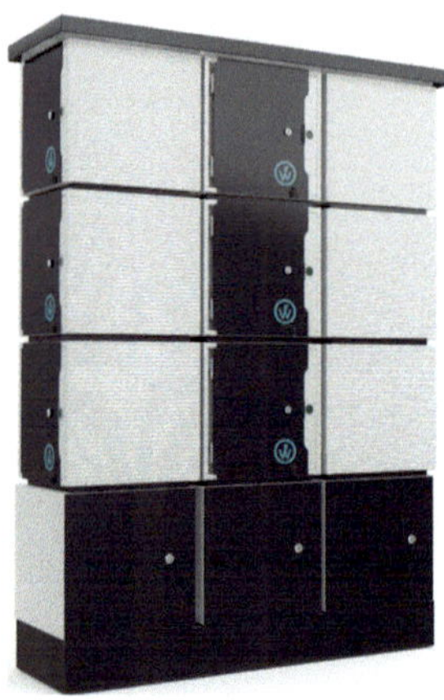

Bild 5.1 Cube 400 mit 9 Schließfächern (Quelle: Walther-Werke)

Bild 5.2 Cube 400 mit 3 Schließfächern (Quelle: Walther-Werke)

5.1.1 Elektroscooter (Roller) und Elektromotorräder

Auch bei den Elektroscootern ist die Entwicklung vorangeschritten. Waren es zuerst noch Fahrzeuge mit schweren Bleibatterien, die nicht so einfach zum Aufladen ausgebaut werden konnten, ist es heute ähnlich wie bei den Elektrofahrrädern: leichtere, herausnehmbare Li-Ionen-Akkus. Auch hier benötigt man Ladestationen, wenn man unterwegs „auftanken" möchte, wobei in den meisten Fällen eine Schutzkontaktsteckdose ausreichend sein dürfte. Denkbar sind auch hier Ladepunkte an halböffentlichen Ladestationen extra beim Einkaufszentrum, beim Restaurant oder beim Sportverein. Da die Motor- und Akkuleistungen von Elektromotorrädern wiederum immer größer werden, wird es zukünftig wohl auch Fahrzeuge mit Ladesteckern geben, die an den vorhandenen E-Mobil-Ladepunkten angeschlossen werden können. Es gibt neuerdings Serienfahrzeuge mit über 80 kW Leistung, 11,7 kWh Akku und CCS-Combo-Stecker sowie Fahrzeuge mit 18-kWh-Speichersystem und zusätzlichem Typ-1-Steckanschluss. Wer mehr über Elektromotorräder wissen möchte, findet im Internet unter dem entsprechenden Suchbegriff viele verschiedene Hersteller.

Ein gern genutztes Produkt, das aber bei einigen nicht auf Gegenliebe stößt, sind die kleinen mietbaren Elektroscooter, die in größeren Städten an fast jeder Straßenecke stehen (liegen).

6 Abrechnung der Nutzung privater und halböffentlicher Ladestationen und eichrechtskonformes Laden der Elektrofahrzeuge

Die Abrechnung geladener (bezogener) Energie in der Elektromobilität unterliegt dem Mess- und Eichrecht (MER). Für die eichrechtskonforme Abrechnung sind zwei Parameter zu berücksichtigen. Zum einen ist ein eichrechtskonformer Zähler und zum anderen eine Übermittlung der Messwerte an den Kunden nötig. Möglich ist so etwas mit abrechnungs- und messtechnisch zugelassenen Systemen. Geprüft und zugelassen werden diese Gesamtsysteme von der Physikalisch-Technischen Bundesanstalt (PTB). Das Gesamtsystem besteht aus Ladeeinrichtung, Messeinrichtung, Messwertermittlung und Abrechnung.

Die Abrechnung unterliegt der Preisangabenverordnung (PAngV). Diese Verordnung hat den Zweck, Verbraucherinnen und Verbrauchern die vollständigen Informationen zu Preisen zu garantieren und eine Vergleichbarkeit und Transparenz zu ermöglichen.

Ein Gutachten des Bundesministeriums für Wirtschaft und Energie (BMWi) vom 24.08.2018 stellt klar, dass eine verbrauchsunabhängige pauschale Abrechnung punktueller Ladevorgänge (Ad-hoc-Laden mit sog. Session Fee) und auch punktuelles Aufladen mit pauschaler Abrechnung nach Zeittarif nicht mit der Preisangabenverordnung (PangV) vereinbar sind.

Das bedeutet, dass die Abrechnung der Ladevorgänge ohne Berücksichtigung der geladenen Energiemengen (kWh) und zeitlicher Aspekte unzulässig ist. Bei Nichtbeachtung der Verordnung können ein Ordnungswidrigkeitsverfahren und sogar die Stilllegung der Ladeeinrichtung drohen, u. U. muss die ausgezahlte Förderung zurückgezahlt werden.

Weitere Informationen unter www.agme.de (Arbeitsgemeinschaft Mess- und Eichwesen) und www.now-gmbh.de (Nationale Organisation Wasserstoff- und Brennstoffzellentechnologie).

Mindestanforderungen an eine eichrechtskonforme Ladeeinrichtung (öffentliche oder halböffentliche Ladestationen):

- Eine Sichtanzeige des Zählerstandes mit Preisanzeige ist vorhanden.
- Die Eichung der Messeinrichtung muss erkennbar sein.
- Der Anfangsstand und Endzählerstand bzw. die Differenz muss erkennbar sein, ggf. auch die Ladezeit.
- Der Preis pro Einheit und der Gesamtpreis müssen erkennbar sein.
- Auf der Abrechnung sind diese Daten eindeutig (der Messwert in kWh) in Verbindung mit dem Zählerstand, der Identifizierung des Ladepunktes und des Zählers zu erkennen.
- Zeit und Datum sind vermerkt.
- Möglichkeit der nachträglichen Überprüfung durch den Elektrofahrzeug-Fahrer ist gegeben.
- Dies gilt verpflichtend für die Wechsel- und Gleichstromladung (Betreiber), im öffentlichen und halböffentlichen Bereich.

In der Praxis würde der Nutzer sich an der Ladestation mittels App oder einer RFID-Karte anmelden, die Zählerdaten des geeichten Zählers würden entsprechend auf null gesetzt oder ähnlich behandelt. Der Ladevorgang sollte vom Kunden gestartet werden. Am Ende des Ladevorganges würden die Zählerdaten gespeichert und der Betreiber der Ladestation erhielte die signierten Datensätze, z. B. über einen Dienstleister (OCPP).

Die Datensätze werden, je nach erforderlicher Aufbewahrungsfrist, im Back-End gespeichert. Der Fahrzeugführer kann mithilfe einer Software, z. B. auf dem Smartphone, die Ladevorgänge mit den Messwerten digital einsehen und dadurch die Plausibilität der Rechnung überprüfen.

Hierzu bitte auch die VDE-AR-E 2418-3-100 Anwendungsregel:2020-11 „Messsysteme für Ladeeinrichtungen“ beachten.

Im Mehrfamilienhaus mit Eigentumswohnungen könnte der Strom für die Ladestation hinter jedem Zähler abgenommen werden. So zahlt jeder Bewohner seine Aufladung über den eigenen Strompreis. Der Strom wird mit dem Wohnungszähler gemessen.

Das gleiche wäre im Mietshaus möglich, wenn der Vermieter und die Elektroinstallation im Gebäude diese Variante zulassen. Ist es von der Hausinstallation her nicht möglich, könnte der Energieversorger über einen neuen Hausanschluss als z. B. Betreiber fungieren und über Ladekarten den Strom mit den Nutzern abrechnen. Neben den Energieversorgern gibt es immer mehr Firmen, die diese Abrechnung gegen eine Gebühr übernehmen. Der Betreiber rechnet dann nicht mit den Nutzern, sondern mit der Firma ab, die wiederum den Benutzern über ein Abrechnungssystem mit Karten oder mit einer Mobiltelefon-App das Aufladen in Rechnung stellt. Dazu muss natürlich eine passende Ladeinfrastruktur mit dem Abrechnungssystem zur Verfügung stehen.

Oftmals ist derzeit für den Betreiber die Abrechnung über eine Parkplatzpauschale noch einfacher. Dann muss der Strom aber verschenkt werden, d. h., die Parkplatzgebühr ist für alle gleich, ob mit oder ohne Elektrofahrzeug. Werden aber Parkflächen mit einem erhöhten Preis für die Aufladung abgerechnet, gilt das als verdeckte Abrechnung und ist lt. § 3 PAngV unzulässig. Andere Varianten mit Zeit- (Parkgebühr nach Zeit) oder Elektrizitätszähler wären aber möglich. Erlaubt wäre auch eine Dauerflatrate – dauernd, nicht begrenzt auf den Monat, die Woche oder eine andere Zeit. Es kann zu jeder Zeit die gewünschte Menge geladen werden, der Preis ist immer der gleiche. Damit wäre diese Variante mit anderen Dauerflatrate-Ladungen preislich vergleichbar.

In vielen Fällen werden heute noch die Ladestation und die kostenlose Aufladung werbetechnisch genutzt, um z. B. im Hotel oder in der Gastronomie neue Kunden zu gewinnen. Gerade bei dieser Abrechnung muss das Steuerrecht beachtet werden. Hinweise dazu finden Sie im Kapitel 7.

Für Mehrfamilienhäuser mit Eigentums- und Mietwohnungen werden heute komplette Systeme mit Vollinstallation (Lastmanagement usw.) und Abrechnungssystem angeboten. Der Nutzer dieser Anlage hat nichts mit der Installation oder der Abrechnung zu tun, er schließt sein Fahrzeug an, autorisiert sich, das Fahrzeug wird geladen und am Monatsende folgt die Abrechnung (Rechnung).

Fest steht, bei jeder Art der Ladeinfrastruktur im halböffentlichen und öffentlichen Bereich sollen die Investitionskosten wieder erwirtschaftet werden, damit einer Anlagenerweiterung oder Nachrüstung nichts im Wege steht.

Vielfältige Abrechnungsverfahren

In anderen Ländern ist es heute schon an vielen Elektrotankstellen möglich, mit einer Bezahlkarte (z. B. RFID) das Fahrzeug wieder aufzuladen. In Deutschland fehlt häufig noch das einheitliche und kompatible Abrechnungssystem. Dieser Zustand hat sich in den letzten beiden Jahren schon verbessert. Solange hier aber keine Normung stattfindet, bleibt nichts anderes übrig, als sich vor der Fahrt zu informieren, wo man sein Fahrzeug auf dem Weg aufladen kann und wie man für diesen Strom bezahlt. Die Idee, den Strom über den eigenen Stromanbieter zu bezahlen, ist zwar gut, in der Realität aber noch nicht wirklich umsetzbar. Wenn die Anlagen vernetzt sind, kann die Abrechnung von einem Provider vorgenommen werden. Das bedeutet, es wird ein anderes Abrechnungssystem benötigt, wie beim Mobilfunk. Dazu gehört eine Roaming-Plattform in andere Netze.

Provider, die die Abrechnung übernehmen, gibt es immer mehr, aber auch hier fehlt oftmals die Kompatibilität untereinander. Spricht man allerdings mit Betreibern solcher Abrechnungssysteme, hört man oft, dass die Systeme zu 95 % kompatibel seien. Was passiert jedoch, wenn man sich immer da gerade aufhält, wo die 5 % fehlen? (Wie beim Mobiltelefon, 99 % Netzabdeckung?)

Ein Punkt, der aufgrund der großen DC-Ladestationen an Bedeutung gewinnt und immer wieder für Gesprächsstoff sorgt, ist die unterschiedliche Preisgestaltung. Ist man in Eile und möchte schnell laden und ist mit der AC-Ladestation unzufrieden, dann wähle man den Gleichstromanschluss. Dies bedeutet eine schnellere Aufladung, die zu einer kürzeren Wartezeit führt, aber einen höheren Energiepreis fordert. Dementsprechend muss man für seine gewonnene Zeit bezahlen. In einem Artikel in der Tageszeitung stand kürzlich, dass sich mehrere etablierte Autohersteller zusammenschließen wollen und ein paneuropäisches Schnellladenetz, mit 120 km Abstand, an den europäischen Fernstraßen aufbauen wollen. Geplant sind Ladepunkte mit dem CCS-System und Ladeleistungen bis zu 350 kW. Der Strompreis wurde nicht genannt, aber die Energie soll teurer sein als der Haushaltsstrom [12].

Aber nicht nur das einheitliche Bezahlsystem muss funktionieren, sondern auch die Kommunikation der Ladesäulen muss auf einem einheitlichen oder kompatiblen Protokoll basieren. Wie schon in der Änderung der Ladesäulenverordnung ab dem Datum des Inkrafttretens (14.6.2017) gefordert, soll der Betreiber von öffentlichen Ladepunkten jedem Nutzer, auch ohne vorherige Authentifizierung, das punktuelle Laden ermöglichen. Das gewährleistet entweder die kostenlose Abgabe von Ladestrom oder die Abgabe mittels Bargeld in unmittelbarer Nähe zum Ladepunkt bzw. die Abgabe mittels gängiger Karten- oder anderer Abrechnungssysteme. Damit soll sichergestellt werden, dass auch Fahrer aus anderen Ländern ihr Fahrzeug für die Weiterfahrt aufladen können. Wie schon eingangs in der Ladesäulenverordnung ausgeführt, gilt diese Verpflichtung für alle Ladepunkte, die seit dem 1.12.2017 neu errichtet wurden.

Beispiel Ladesäule der Stadtwerke Eckernförde

Bezahlmethode 1:
RFID-Karte über die App eCharge
www.innogy.com/echarge

Bezahlmethode 2:
Laden mit dem Smartphone Direct Payment
Laden ohne Vertrag
www.epowerdirect.com

lt. Aufdruck an der Ladesäule mit VISA, MasterCard oder Paypal

Bild 6.1 Ladesäule der Stadtwerke Eckernförde Oktober 2020 (Foto: Jürgen Klinger)

7 Elektromobilität im Steuerrecht

WP StB Dipl.-Finanzwirt (FH) Jan H. Marten, Eckernförde[1]

Das gesetzgeberische Ziel zur Senkung des CO_2-Ausstoßes wird durch eine Vielzahl von steuerlichen Anreizen und anderen Privilegien flankiert. Der nachfolgende Beitrag soll einen Überblick hierüber verschaffen. Es wird kein Anspruch auf Vollständigkeit erhoben; die Ausführungen können eine fundierte steuerliche Beratung nicht ersetzen.

7.1 Einkommensteuer

7.1.1 Anschaffung von E-Fahrzeugen

Die Anschaffung von E-Fahrzeugen wird durch Zuschüsse gefördert, die beim BAFA[2] beantragt werden können. Eine steuerliche Förderung der Anschaffung ist darüber hinaus nicht vorgesehen. Nach den allgemeinen Grundsätzen kann ein Investitionsabzugsbetrag gebildet bzw. eine Sonderabschreibung nach § 7 g EStG vorgenommen werden.

Die vorgenannten Zuschüsse können wahlweise sofort erfolgswirksam vereinnahmt oder von den Anschaffungskosten des Fahrzeugs abgesetzt werden. Im ersten Fall bemessen sich die Abschreibungen nach den Anschaffungskosten des Fahrzeugs, im zweiten Fall nach den um die Zuschüsse verminderten Anschaffungskosten.

Für die Anschaffung neuer Elektronutzfahrzeuge sowie Elektrolastenfahrräder in der Zeit vom 01.01.2020 bis 31.12.2030 kann gem. § 7c EStG unter den dortigen weiteren Voraussetzungen eine Sonderabschreibung in Höhe von 50 % vorgenommen werden.

---

[1] Der Autor ist geschäftsführender Gesellschafter der wetreu Eckernförde Allgemeine Treuhand KG Steuerberatungsgesellschaft in Eckernförde sowie Partner der wetreu-Unternehmensgruppe in Kiel.

[2] Bundesamt für Wirtschaft und Ausfuhrkontrolle

7.1.2 Eigenverbrauch/Sachbezüge

Nutzt ein Unternehmer einen betrieblichen PKW auch für private Zwecke oder wird einem Arbeitnehmer ein Dienstfahrzeug zur Verfügung gestellt, das er auch für Privatfahrten nutzen darf, ist beim Unternehmer eine Privatentnahme anzusetzen bzw. beim Arbeitnehmer ein Sachbezug zu versteuern. Wird dabei kein Fahrtenbuch geführt, ist die sog. 1-%-Methode anzuwenden. Der anzusetzende Betrag wird dabei mit 1 % des Bruttolistenpreises des Kfz pro Monat ermittelt. Bei Elektrofahrzeugen sowie Hybrid-Fahrzeugen ist dabei der Bruttolistenpreis um die Kosten des Batteriesystems zu vermindern. Bei Elektrofahrzeugen sowie Hybrid-Fahrzeugen, die bis zum 31.12.2018 angeschafft wurden, ist dabei der Bruttolistenpreis um die Kosten des Batteriesystems zu vermindern. Für Fahrzeuge, die bis zum 31.12.2013 angeschafft wurden, beträgt diese Minderung pauschal 500 EUR je kWh Batteriekapazität. Dieser Betrag mindert sich für später angeschaffte Fahrzeuge um 50 EUR p. a.

Bei reinen Elektrofahrzeugen, die in der Zeit vom 01.01.2019 bis zum 31.12.2030 angeschafft werden, entfällt die Minderung des Bruttolistenpreises um die Kosten des Batteriesystems. Stattdessen wird der Bruttolistenpreis nur zu 50 % angesetzt. Bei einem Bruttolistenpreis von bis zu 60.000 EUR beträgt der Ansatz nur 25 %.

Bei Hybridfahrzeugen beträgt die Kürzung 50 %. Sie ist jedoch zusätzlich an weitere Anforderungen bezüglich CO_2-Ausstoß und Mindestreichweite gekoppelt.

7.1.3 Unentgeltliche Abgabe von Strom an Arbeitnehmer

Gibt der Arbeitgeber vermittels ortsfester Einrichtungen unentgeltlich Strom an Arbeitnehmer ab, so liegt auch hierin ein geldwerter Vorteil, der grds. durch den Arbeitnehmer zu versteuern wäre. Dieser geldwerte Vorteil wird durch § 3 Nr. 46 EStG steuerfrei gestellt. Diese Steuerbefreiung gilt sowohl für Privatfahrzeuge der Arbeitnehmer als auch für Dienstwagen. Die bisherige Befristung bis zum 31.12.2020 ist bis zum 31.12.2030 verlängert worden.

7.1.4 Unentgeltliche Abgabe von Strom an Dritte

Die vorgenannte Steuerbefreiung gilt nicht für die unentgeltliche Abgabe von Strom an Dritte, z. B. Kunden und Geschäftsfreunde. Da davon auszugehen ist, dass damit keine betriebsfremden Zwecke verfolgt werden, kommt es nicht zu einer Entnahmebesteuerung i. S. d. Abschnitts 7.1.2. Jedoch liegt u. U. eine Sachzuwendung i. S. d. § 37b EStG vor, für die eine Pauschalbesteuerung mit 30 % durch den abgebenden Unternehmer in Betracht kommt. Die praktische Schwierigkeit wird im Nachweis der abgegebenen Strommenge liegen.

Wird Strom an Hotelgäste abgegeben, ohne dies gesondert zu berechnen, wird man davon ausgehen können, dass die Lieferung des Stroms im Übernachtungspreis enthalten ist. Schwierigkeiten ergeben sich hierbei nur bei der Umsatzsteuer. Vgl. dazu unten Abschnitt 7.2.4.

7.1.5 Überlassung oder Bezuschussung von Ladestationen an Arbeitnehmer

Überlässt der Arbeitgeber einem Arbeitnehmer eine Ladestation zur häuslichen Montage oder leistet er einen Zuschuss zur Anschaffung einer Ladestation durch den Arbeitnehmer, so ist auch hierin steuerpflichtiger Arbeitslohn zu sehen. Hier hat der Arbeitgeber die Möglichkeit, diesen Arbeitslohn mit 25 % pauschal zu versteuern, sodass beim Arbeitnehmer keine Steuerbelastung anfällt.

7.2 Umsatzsteuer

7.2.1 Verkauf von Strom an Ladestationen

Vergleichbar mit dem Verkauf von Kraftstoffen an Tankstellen ergeben sich hier keine Besonderheiten. Der Verkauf ist mit dem Regelsteuersatz der Umsatzsteuer zu unterwerfen.

7.2.2 Eigenverbrauch/Sachbezüge

Die Privatnutzung von betrieblichen PKW durch den Unternehmer bzw. durch Arbeitnehmer unterliegt der Umsatzsteuer. Der Umsatz ist grds. zu bemessen nach den Selbstkosten. Aus Vereinfachungsgründen erfolgt die Umsatzbesteuerung in der Praxis jedoch regelmäßig anhand der einkommensteuerlichen 1-%-Methode. Hier gelten die unter Abschnitt 7.1.2 dargestellten Besonderheiten. Weitere Vergünstigungen für Elektrofahrzeuge sind zurzeit nicht vorgesehen.

7.2.3 Unentgeltliche Abgabe von Strom an Arbeitnehmer

Es liegt eine unentgeltliche Wertabgabe i. S. d. § 3 (1b) Nr. 2 UStG vor, welche einer Lieferung gegen Entgelt gleichgestellt ist. Dieser Umsatz wird grds. nach dem Einkaufspreis bemessen. Im Ergebnis wird dadurch der Vorsteuerabzug aus dem Kauf des Stroms neutralisiert.

7.2.4 Unentgeltliche Abgabe von Strom an Dritte

Es gelten die Ausführungen unter Abschnitt 7.2.3. Vorsicht ist jedoch geboten bei unentgeltlicher Abgabe vom Strom an Hotelgäste. Es ist davon auszugehen, dass die Finanzverwaltung dies als entgeltliche Lieferung ansehen wird, die im Übernachtungspreis enthalten ist. Da die eigentliche Übernachtung nur dem ermäßigten Steuersatz von 7 % unterliegt, die Lieferung von Strom jedoch mit 19 % besteuert wird, wird man den Übernachtungspreis aufteilen müssen. Hier beginnen die Schwierigkeiten: Welcher Hotelgast hat das Angebot überhaupt genutzt und wie viel Strom hat er abgenommen? Der Hotelier wird Nachweisvorsorge treffen müssen, um unbotmäßigen Schätzungen seitens der Finanzverwaltung zu entgehen.

7.2.5 Überlassung oder Bezuschussung von Ladestationen an Arbeitnehmer

Übereignet ein Arbeitgeber einem Arbeitnehmer eine Ladestation, so liegt hierin wiederum eine unentgeltliche Wertabgabe i. S. d. § 3 (1b) Nr. 2 UStG, vgl. oben Abschnitt 7.2.3.

Leistet der Arbeitgeber einen Zuschuss zur Anschaffung einer Ladestation durch den Arbeitnehmer, so ist dies umsatzsteuerlich irrelevant. Der Arbeitgeber hat aus dem Zuschuss keinen Vorsteuerabzug. Die Besteuerung einer Wertabgabe entfällt.

7.3 Kraftfahrzeugsteuer

Elektrofahrzeuge sind für einen Zeitraum von bis zu 10 Jahren von der Kfz-Steuer befreit. Diese Befreiung gilt zurzeit für Fahrzeuge, die bis zum 31.12.2025 erstzugelassen werden. Die Steuerbefreiung gilt für 10 Jahre ab Erstzulassung, jedoch längstens bis zum 31.12.2030.

Die Steuerbefreiung wird auch gewährt, wenn Fahrzeuge mit Verbrennungsmotor bis zum 31.12.2025 umgerüstet werden.

Die Steuerbefreiung ist fahrzeugbezogen. Bei einem Halterwechsel geht die noch verbleibende Zeit der Steuerbefreiung auf den neuen Halter über.

Fazit: Da das Abrechnen der Ladung aufgrund der steigenden Strompreise und der Refinanzierung der bereitgestellten Ladeinfrastruktur unumgänglich ist, werden hier weitere kompatible Lösungen erforderlich werden. Aus diesem Grund ist es nicht nur wichtig, sich mit der Technik der Installation und Wartung von Ladestationen zu beschäftigen, sondern auch mit der Abrechnung. Dann ist wiederum das Steuerrecht zu beachten und eine kompetente Beratung in steuerberatenden Kanzleien einzuholen.

8 Kennzeichnung von Ladeplätzen

Die Kennzeichnung von öffentlichen und halböffentlichen Ladeplätzen ist allgemein nicht vorgeschrieben, aber für die Nutzer sinnvoll. Es ist dadurch einfacher, den Ladeplatz zu finden. Wird der Aufbau der Ladesäule aber durch das Bundesprogramm gefördert, so ist die Fläche auch entsprechend zu kennzeichnen. In den Medien liest man immer wieder, dass Ladeplätze trotz Beschilderung durch nicht elektrisch angetriebene Fahrzeuge blockiert werden. Daher ist es von Vorteil, eine gut sichtbare Kennzeichnung anzubringen.

Aus den FAQ zum Bundesprogramm Ladeinfrastruktur:

Für ein bundesweit einheitliches Erscheinungsbild wird eine Bodenmarkierung im ersten Förderaufruf vorgeschrieben. Eine Kennzeichnung der Ladesäule ist nicht vorgeschrieben. Die Stellplätze neben einer Ladesäule im öffentlichen Straßenraum sind durch das Aufbringen einer Bodenmarkierung zu kennzeichnen, die Stellplätze im nicht öffentlichen Raum durch eine grüne Bodenmarkierung (siehe Bilder 8.1 und 8.2). An der Ladestation selbst muss das Logo des Fördermittelgebers BMVI sichtbar angebracht sein. Der Aufkleber wird mit dem Zuwendungsbescheid übersandt.

Bild 8.1 Bodenmarkierung im öffentlichen Raum

Bild 8.2 Bodenmarkierung im nicht öffentlichen Raum

In den Bildern 8.3 bis 8.9 finden Sie Beispiele gültiger Verkehrs- und Verkehrszusatzschilder laut StVO.

Bild 8.3 Kennzeichen 365-65
Ladestation für Elektrofahrzeuge

Bild 8.4 Kennzeichen 1024-20
Elektrisch betriebene Fahrzeuge

Bild 8.5 Kennzeichen 1010-66
Elektrisch betriebene Fahrzeuge
Zusatzzeichen nach EmoG

Elektrofahrzeuge
während des
Ladevorgangs
frei

Bild 8.6 Kennzeichen 1026-60
Elektrofahrzeuge während des Ladevorgangs frei

Elektrofahrzeuge
während des
Ladevorgangs

Bild 8.7 Kennzeichen 1050-32
Elektrofahrzeuge während des Ladevorgangs

Elektro-
fahrzeuge
frei

Bild 8.8 Kennzeichen 1026-61
Elektrofahrzeuge frei

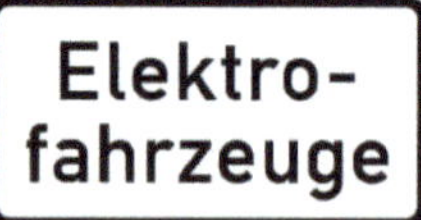

Bild 8.9 Kennzeichen 1050-33
Elektrofahrzeuge

Die Zusatzschilder werden in Verbindung mit dem Kennzeichen *286 Eingeschränktes Halteverbot* aufgestellt und eignen sich auch für Parkplätze im halböffentlichen Bereich.

Bild 8.10 Ladesäule mit Beschilderung in Tondern (Dänemark) Betreiber Clever DK, 2 × 22 kW, gefunden mit goingelectric.de (Foto: Jürgen Klinger, Oktober 2017)

Bild 8.11 New Motion Montagemast hoch mit Hinweisschild, eigene Beschilderung von New Motion

Bild 8.12 Geförderte öffentliche Ladesäule mit Bodenmarkierung im öffentlichen Raum, Eckernförde Oktober 2020, Betreiber: Stadtwerke Eckernförde, 2 × 22 kW, gefunden mit goingelectric.de (Foto: Jürgen Klinger)

Bild 8.13 Geförderte halböffentliche Ladesäule mit Bodenmarkierung im nicht öffentlichen Raum, Eckernförde Oktober 2020, Betreiber: Stadtwerke Eckernförde, 2 × 22 kW, gefunden mit goingelectric.de (Foto: Jürgen Klinger)

Fazit: Gekennzeichnete Parkplätze wünschen wir uns täglich bei der Parkplatzsuche. Bei der Suche nach Ladestationen ist eine Kennzeichnung noch wichtiger, nicht nur im öffentlichen, sondern auch im halböffentlichen Bereich.

9 Resümee und Ausblick

Zusammenfassend lässt sich festhalten, dass der Wunsch des Nutzers, ein dem Fahrzeug mit Verbrennungsmotor vergleichbares Elektrofahrzeug auch für längere Strecken einsetzen zu können, gegenwärtig noch nicht vollständig realisiert werden kann.

In diesem Buch finden sich detaillierte Ausführungen zu den Themen:

- Staatliche Förderung von elektrisch betriebenen Fahrzeugen in Abschn. 1.2.1
- Staatliche Förderung der Ladeinfrastruktur in Abschn. 1.2.2
- Genormte Steckvorrichtungen für die Ladeinfrastruktur in Abschn. 1.4
- Ladeleleistungen und Reichweite der Elektrofahrzeuge in Abschn. 1.4 ff.
- Ladesäulenverordnung in Abschn. 1.5.2
- Ladebetriebsarten (Lademodi) in Abschn. 1.7
- Sicherheitseinrichtungen (Fehlerstromschutzschalter) in Kapitel 2
- Prüfungen bei der Inbetriebnahme in Abschn. 2.4
- Maximale Leistung und Lastmanagement in Kapitel 3
- Vorgaben der Versorgungsnetzbetreiber in Abschn. 3.4
- Einbindung der Ladeinfrastruktur in die erneuerbare Energie in Kapitel 4
- Elektromobilität im Steuerrecht in Kapitel 7
- Masterplan Ladeinfrastruktur der Bundesregierung in Anhang A9

Besonders hingewiesen sei an dieser Stelle auf die Länge der Ladezeit, die regionale Versorgung und die Kompatibilität der Fahrzeuge mit den Ladepunkten.

Im öffentlichen und halböffentlichen Bereich muss ein enges Netz an Ladestationen vorhanden sein. Um die Ladezeiten zu reduzieren, sollten Ladepunkte mit großen Leistungen (Gleichspannungsladepunkte) aufgebaut werden. Durch die größeren Ladepunkte lassen sich die Ladezeiten deutlich verkürzen. Im privaten und betrieblichen Bereich ist es aus ökologischen und ökonomischen Gründen sinnvoll, die erneuerbare Energie zu nutzen.

Ausblick

Derzeit findet eine rasante Entwicklung in der Fahrzeugtechnik hinsichtlich der Erhöhung der Reichweiten – 300 bis 400 km Reichweite sind keine Seltenheit mehr – und der Schnellladetechnik statt. Elektrofahrzeuge und die Ladeinfrastruktur werden zunehmend staatlich gefördert. Dies wird die Entscheidung für ein Elektrofahrzeug zukünftig maßgeblich beeinflussen. Daneben findet man aber auch recht große Unterschiede bei den Preisen für die Akkuladung. Zwischen 0,29 Euro und 0,89 Euro fallen für 1 kWh an (Stand: 2021). Entscheidend ist der Standort, Autobahn oder Landstraße, und ob es sich um eine Normalladung oder Schnellladung handelt sowie der Anbieter des Stromes.

Auf jeden Fall ist das Elektrofahrzeug heute nicht mehr wegzudenken, andere umweltfreundliche Techniken werden aber noch folgen.

Bleiben Sie gesund!

Jürgen Klinger

Anhang

A1 Glossar und Abkürzungsverzeichnis

AC	Alternating Current (Wechselstrom)
AC-Laden	Wechselstromladen
Ad-hoc-Zugang	Zugang zur Ladestation ohne Vertrag mit dem Anbieter
AGME	Arbeitsgemeinschaft Mess- und Eichwesen
AR	Anwendungsregel, z. B. VDE Anwendungsregel VDE-AR-N 4100
BAFA	Bundesamt für Wirtschaft und Ausfuhrkontrolle
BDEW	Bundesverband der Energie- und Wasserwirtschaft e. V.
BEV	Battery Electric Vehicle – Batterie getriebenes Elektrofahrzeug
CCS-Stecker	DC-Gleichstromstecker nach europäischer Norm IEC 62196-3
CEE-Stecker	Internationale Steckernorm mit verpolungssicheren Steckern für einphasige und dreiphasige Netze nach IEC 60309, in verschiedenen Größen und unterschiedlichen Stiftanordnungen. Bekannt ist z. B. der einphasige blaue CEE-Stecker für 230 V, der auch gerne als Campingstecker bezeichnet wird.
DC	Direct Current (Gleichstrom)
DIN	Deutsches Institut für Normung e. V.
E-Bike	Elektrofahrrad bis 25 km/h Unterstützung, Pedalbewegung nicht erforderlich, wie ein Leichtmofa, mind. Mofaführerschein, max. 500 W Unterstützung (z. B. mit Gasgriff), Versicherungskennzeichen
EEBus	Eine auf Standards und Normen basierende Kommunikationsschnittstelle
EV	Electric Vehicle, Elektrofahrzeug allgemein
FI-Schutzschalter	Fehlerstromschutzschalter, Differenzstromschalter, siehe auch RCD oder RCCB für die Ladeinfrastruktur
HEV	Hybrid Electric Vehicle – alternativ elektrisch und mit fossilen Brennstoffen betriebenes Fahrzeug ohne Fremdeinspeisung (der Verbrennungsmotor lädt den Akku auf)
ICCB	In-Cable Control Box, Ladeeinrichtung im Kabel integriert (zwischengeschaltet)
IEC	Internationale Elektrotechnische Kommission

IP-Schutzart	Internal Protection, Ip-Code oder International Protection. Schutz gegen eindringende Fremdkörper und eindringende Feuchtigkeit der Betriebsmittel. Gekennzeichnet durch Ziffern, die 1. Kennziffer gibt den Schutz gegen feste Fremdkörper an und die 2. Kennziffer steht für den Schutz gegen Feuchtigkeit. Es können weitere Buchstaben folgen.
ISO	Internationale Organisation für Normung
KfW	Kreditanstalt für Wiederaufbau, Förderbank für Darlehen und Zuschüsse
kVA	Kilovoltampere, Einheit der Scheinleistung beim Wechselstrom
kW	Kilowatt, Einheit der Wirkleistung beim Wechselstrom
Ladesäule	Freistehende Ladeeinrichtung AC oder DC
Ladepunkt	Einrichtung zum Aufladen eines Elektrofahrzeugs für max. 1 Fahrzeug zu einer Zeit
LSV	Ladesäulenverordnung
MessEG	Mess- und Eichgesetz
MessEV	Mess- und Eichverordnung
NAV	Niederspannungsanschlussverordnung
NEFZ	*Neuer europäischer Fahrzyklus*. Beschreibt Bedingungen für den Vergleich von Fahrzeug-Verbrauchsdaten. Die meisten Fahrzeughersteller geben ihre Verbrauchsdaten nach NEFZ oder laut neuester Regel auch nach WLTP *Worldwide Harmonized Light-Duty Vehicles Test Procedure* an.
NOW GmbH	Nationale Organisation Wasserstoff- und Brennstoffzellentechnologie
NPE	Nationale Plattform Elektromobilität
OCPP	Open Charge Point Protocol, offenes und interoperables Protokoll
Pedelec	Pedal Electric Cycle, Fahrrad mit unterstützendem Elektroantrieb, max. 25 km/h und 250 W
Pedelec S-Klasse	Pedal Electric Cycle, Fahrrad mit unterstützendem Elektroantrieb, max. 45 km/h, versicherungspflichtig, Versicherungskennzeichen und Führerscheinpflicht, Helmpflicht, wie ein Kleinkraftrad
PHEV	Plug-in Hybrid Electric Vehicle – alternativ mit Batterie und fossilen Brennstoffen betriebenes Fahrzeug mit Fremdeinspeisung an der Ladeeinrichtung
Pilotkontakt CP	(Contact-Pilot) zusätzlicher Kontakt im Ladestecker
Pilotkontakt PP	(Proximity-Pilot oder Plug-Present) zusätzlicher Kontakt im Ladestecker
RCCB	Residual Current operated Circuit-Breaker, Differenzstromschalter, Fehlerstromschutzschalter
RCD	Residual Current Device, Fehlerstromschutzschalter
RCD Typ A	Pulsstromsensitiver Fehlerstromschutzschalter

RCD Typ A-EV	Spezieller Fehlerstromschutzschalter für die Elektromobilität
RCD Typ B	Allstromsensitiver Fehlerstromschutzschalter
REEV	Range-Extended Electric Vehicle – Alternativ und parallel mit Batterie und fossilen Brennstoffen betriebenes Fahrzeug mit Fremdeinspeisung an der Ladeeinrichtung
RFID-Karte	Radio-frequency identification, berührungslose Identifizierung mittels elektromagnetischer Wellen, Zugangskarte oder Bezahlkarte
Schutzkontakt-steckdose	In Deutschland und einigen anderen Ländern eingesetzte Wechselstrom-Haushaltssteckdose mit Schutzkontakt, nicht verpolungssicher
Schutzmaßnahmen-Prüfgerät	Prüfgerät zum Überprüfen der Schutzmaßnahmen nach VDE für die Erst- und Wiederholungsprüfung
Shutter	Verschluss, berührungssicherer Verschluss der Steckdose, z. B. in Frankreich an den Typ-3- und Typ-2-Steckdosen zu finden, optional auch an den heutigen Typ-2-Steckdosen zu wählen
SPD	Surge Protective Device, Überspannungsschutzeinrichtung
Stecker CHAdeMO	Charge de Move, DC-Stecker, Entwicklung aus Japan
Stecker Typ 1	AC-Stecker, Wechselstromstecker (einphasig), Stecker nach SAE J1772
Stecker Typ 2	AC-Stecker, Drehstromstecker (ein- und mehrphasig), auch Mennekes-Stecker genannt, Europäische Norm nach IEC 62196 Typ 2
VDE	Verband der Elektrotechnik Elektronik Informationstechnik e. V.
Vehicle-to-Grid V2G	Der Akku im Fahrzeug dient als Home-Speicher oder kann als Schwarmspeicher genutzt werden.
WLTP	*Worldwide Harmonized Light-Duty Vehicles Test Procedure*. Beschreibt die Bedingungen für den Vergleich von Fahrzeug-Verbrauchsdaten. Die Fahrzeughersteller geben bzw. müssen zukünftig ihre Verbrauchsdaten nach dieser neuesten Regel angeben.
VNB	Versorgungsnetzbetreiber, früher EVU (Energieversorgungsunternehmen)
ZVEH	Zentralverband der Deutschen Elektro- und Informationstechnischen Handwerke e. V.
ZVEI	Zentralverband Elektrotechnik und Elektronikindustrie e. V.

A2 Verzeichnisse der Ladeinfrastruktur/ Ladestationenfinder (Beispiele)

www.bundesnetzagentur.de/ladesaeulenkarte (mit Public Keys)

www.LEMnet.org/de

www.goingelectric.de/stromtankstellen/

www.e-stations.de/ladestationen/map

www.plugsurfing.com/de/

www.newmotion.com/

www.chargemap.com/

www.shareandcharge.com/

www.e-tankstellen-finder.com/de/de

www.schnellladen.de/de/charging-stations

www.smarttanken.de/

www.lew.de

A3 Fahrzeughersteller

AUDI AG
I/GP-P
85045 Ingolstadt
www.audi.com

BMW
BMW Kundenbetreuung
80788 München
www.bmw.de

CITROËN Deutschland GmbH
51170 Köln
www.citroen.de

Kia Motors Deutschland GmbH
Theodor-Heuss-Allee 11
60486 Frankfurt/Main
www.kia.com/de/

Daimler AG
Werk 096/HPC E402
Mercedesstraße 137
70327 Stuttgart
www.mercedes-benz.de

Mitsubishi Motors
MMD Automobile GmbH
61169 Friedberg
www.mitsubishi-motors.de

NISSAN Center Europe GmbH
Renault-Nissan-Str. 6–10
50321 Brühl
www.nissan.de

PEUGEOT Deutschland GmbH
Edmund-Rumpler-Straße 4
51149 Köln
www.peugeot.de

RENAULT DEUTSCHLAND AG
DIREKTION Kunde
Renault Nissan Straße 6–10
50321 Brühl
www.renault.de

DAIMLER AG
smart
Mercedesstraße 137
70327 Stuttgart
www.smart.com

Volkswagen Aktiengesellschaft
Berliner Ring 2
38440 Wolfsburg
www.volkswagen.de

A4 Anbieter von geeigneten Messgeräten (Auswahl)

Prüfgeräte für E-Ladestationen und Messgeräte zum Prüfen der Schutzmaßnahmen

Gossen Metrawatt
GMC-I Messtechnik GmbH
Südwestpark 15
90449 Nürnberg
www.gossenmetrawatt.com

MENNEKES Elektrotechnik GmbH & Co. KG
Spezialfabrik für Steckvorrichtungen
Aloys-Mennekes-Straße 1
57399 Kirchhundem
www.mennekes.de

Walther-Werke
Walther Electric GmbH
Ramsener Str. 6
67304 Eisenberg (Pfalz)
www.walther-werke.de

A5 Hersteller von Ladesäulen, Wallboxen und mobilen Ladestationen für den deutschen Markt

(die mich freundlicherweise mit Unterlagen und Bildern unterstützt haben)

ABB Automation Products GmbH
Electric Vehicle Charging Infrastructure
Kallstadter Straße 1
68309 Mannheim
E-Mail: DE-SalesEVCI@abb.com
new.abb.com/ev-charging/de

ABL SURSUM
Bayerische Elektrozubehör GmbH & Co. KG
Albert-Büttner-Straße 11
91207 Lauf/Pegnitz
Tel.: +49 (0) 9123 188-0
E-Mail: info@abl.de
www.ablmobility.de

KEBA AG Headquarters
Gewerbepark Urfahr
4041 Linz/Austria
Tel.: +43 (0) 73290-0
E-Mail: keba@keba.com
www.keba.com/de/emobility/elektromobilitaet

MENNEKES Elektrotechnik GmbH & Co. KG
Spezialfabrik für Steckvorrichtungen
Aloys-Mennekes-Straße 1
57399 Kirchhundem
Tel. +49 (0) 2723/41-1
E-Mail: e-post@mennekes.de
www.mennekes.de

The New Motion Deutschland GmbH
c/o Mindspace
Friedrichstraße 68
10117 Berlin
Tel.: +49 (0) 30 21502848
E-Mail: kundendienst@newmotion.com
www.newmotion.com

DiniTech GmbH
Mureckerstraße 18b
8083 St. Stefan im Rosental
Österreich
Tel.: +43 (0) 664 5376251
E-Mail: office@dinitech.at
office@NRGkick.com

WALTHER-WERKE
Ferdinand Walther GmbH
Ramsener Str. 6
67304 Eisenberg
Telefon: +49 (0) 6351/475-0
E-Mail: mail@walther-werke.de
www.walther-werke.de

Weitere Hersteller von Ladestationen finden Sie im Internet:

Unter anderem die Firmen Hager Vertriebsgesellschaft mbH &Co. KG, Schneider Electric, Gustav Hensel GmbH & Co. KG, Wallbe GmbH, Innogy SE, Alfen ICU BV und andere.

A6 Wichtige Normen, Vorschriften und Gesetze

VDE-AR-N 4100:2019-04 Technische Regeln für den Anschluss von Kundenanlagen an das Niederspannungsnetz und deren Betrieb (TAR Niederspannung)

VDE-AR-E 2418-3-100:2020-11 Elektromobilität – Messsysteme für Ladeeinrichtungen

DGUV V3 Unfallverhütungsvorschrift Elektrische Anlagen und Betriebsmittel

DIN 18015-1:2020-05 Elektrische Anlagen in Wohngebäuden – Teil 1: Planungsgrundlagen

DIN VDE 0100-520:2013-06 Errichten von Niederspannungsanlagen – Teil 5-52: Auswahl und Errichtung elektrischer Betriebsmittel – Kabel und Leitungsanlagen

DIN VDE 0100-410:2018-10 Errichten von Niederspannungsanlagen – Teil 4-41: Schutzmaßnahmen – Schutz gegen elektrischen Schlag

DIN VDE 0100-600:2017-06 Errichten von Niederspannungsanlagen – Teil 6: Prüfungen

DIN VDE 0105-100:2015-10 Betrieb von elektrischen Anlagen – Teil 100: Allgemeine Festlegungen

DIN VDE 0298-4:2013-06 Verwendung von Kabeln und isolierten Leitungen für Starkstromanlagen – Teil 4: Empfohlene Werte für die Strombelastbarkeit von Kabeln und Leitungen für feste Verlegung in und an Gebäuden und von flexiblen Leitungen

DIN EN 50678 VDE 0701:2021-02 Allgemeines Verfahren zur Überprüfung der Wirksamkeit der Schutzmaßnahmen von Elektrogeräten nach der Reparatur

DIN EN 50699 VDE 0702:2021-06 Wiederholungsprüfung für elektrische Geräte

DIN VDE 0100-722:2019-06 Errichten von Niederspanungsanlagen – Teil 7-722: Anforderungen für Betriebsstätten, Räume und Anlagen besonderer Art – Stromversorgung von Elektrofahrzeugen

DIN VDE 0100-443:2016-10 Errichten von Niederspannungsanlagen – Teil 4-44: Schutzmaßnahmen – Schutz bei Störspannungen und elektromagnetischen Störgrößen – Abschnitt 443: Schutz bei transienten Überspannungen infolge atmosphärischer Einflüsse oder von Schaltvorgängen

DIN VDE 0100-534:2016-10 Errichten von Niederspannungsanlagen – Teil 5-53: Auswahl und Errichtung elektrischer Betriebsmittel – Trennen, Schalten und Steuern – Abschnitt 534: Überspannungs-Schutzeinrichtungen (SPDs)

E DIN EN 61439-7 VDE 0660-600-7:20121-11 Niederspannungs-Schaltgerätekombinationen – Teil 7: Schaltgerätekombinationen für bestimmte Anwendungen wie Marinas, Campingplätze, Marktplätze, Ladestationen für Elektrofahrzeuge

DIN EN IEC 60309 Internationale Steckernorm für Stecker und Steckdosen, z. B. CEE- oder CeKon-Stecker

DIN EN IEC 61851-1 VDE 0122-1:2019-12 Konduktive Ladesysteme für Elektrofahrzeuge – Teil 1: Allgemeine Anforderungen

DIN EN IEC 61980-1 VDE 0122-10-1:2021-09, VDE 0122-10-2, VDE 0122-10-3 Kontaktlose Energieübertragungssysteme (WTP) für Elektrofahrzeuge

E DIN EN IEC 62196 VDE 0623 Stecker, Steckdosen, Fahrzeugkupplungen und Fahrzeugstecker – Konduktives Laden von Elektrofahrzeugen

E DIN EN IEC 62752 VDE 666-10:2021-07 Ladeleitungsintegrierte Steuer- und Schutzeinrichtungen (IC-CPD) für die Ladebetriebsart 2 von Elektro-Straßenfahrzeugen

VDE-AR-E 2122-1000:2021-12 Standardschnittstelle für Ladepunkte/Ladestationen zur Anbindung an lokales Leistungs- und Energiemanagement

EEG Erneuerbare-Energien-Gesetz

EmoG Elektromobilitätsgesetz

EnWG Gesetz über die Elektrizitäts- und Gasversorgung (Energiewirtschaftsgesetz EnWG) § 49 Anforderungen an Energieanlagen

EStG Einkommensteuergesetz

ISO 15118 Straßenfahrzeuge – Kommunikationsschnittstelle zwischen Fahrzeug und Ladestation

LSV Ladesäulenverordnung

MessEG Mess- und Eichgesetz

MessEV Mess- und Eichverordnung

NAV Niederspannungsanschlussverordnung

StromStG Stromsteuergesetz

TAB Technische Anschlussbestimmungen des Versorgungsnetzbetreibers

TAR Technische Anschlussregeln für den Netzanschluss, Basis für die TAB

UStG Umsatzsteuergesetz

VdS 3471 Ladestationen für Elektrostraßenfahrzeuge

VDI 2166 Blatt 2:2020-09 Planung elektrischer Anlagen in Gebäuden – Hinweise für die Elektromobilität

A7 „Wunder der Elektrizität"

Originaltext aus dem Buch „Wunder der Elektrizität" von Theodor Rulemann, 1912 [13]:

Elektrisch betriebene Kraftfahrzeuge (Akkumulator-Automobile)

Die Fortschritte der Technik im Bau von betriebssicheren, leichten Explosionsmotoren haben die Automobilindustrie seit Anbruch des neuen Jahrhunderts einer aussichtsreichen Entwicklungsperiode entgegengeführt. Der an sich schon alte Gedanke, Kraftfahrzeuge zu bauen, die imstande wären, unabhängig von festen Schienenwegen der schnellen Beförderung von Personen und Lasten zu dienen, gewann mit einem Male eine feste Grundlage, und in verhältnismäßig kurzer Zeit entwickelte sich das Kraftfahrzeug zu einem wichtigen Verkehrsmittel in Stadt und Land, auf das heute, trotz mancher Übelstände, die sein fast plötzliches Erscheinen mit sich gebracht hat, niemand mehr im Ernst verzichten möchte.

Die Gegnerschaft, die den Kraftfahrzeugen von vornherein erwuchs, hatte ihre vornehmliche Ursache einmal in dem ungewohnten Geräusch, das die Explosionsmotoren verursachten, und zum anderen in dem üblen Geruch, den die von der Maschine ausgestoßenen Benzindämpfe hinterließen.

Am fühlbarsten machten sich diese Übelstände im Stadtverkehr, und wenn es auch neuerdings gelungen ist, das Geräusch der Explosionsmotoren auf ein noch erträgliches Maß herabzumindern, so harrt doch die zweite Aufgabe, nämlich die der Beseitigung der übelriechenden Ausdünstungen, immer noch einer befriedigenden Lösung.

Die von der Industrie erstrebte Vervollkommnung der Kraftfahrzeuge legte nun zu gleicher Zeit die Frage nahe, ob nicht, wie auf vielen andere Gebieten, auch auf dem des Automobilbaues die Elektrizität berufen sein sollte, Neues und Brauchbares hervorzubringen. Man war sich ohne weiteres darüber klar, daß elektrisch betriebenen Fahrzeugen die beiden oben erwähnten Übelstände jedenfalls nicht anhaften würden. Aber nicht nur dies; es ließ sich vielmehr mit Sicherheit voraussehen, daß das elektrisch betriebene Fahrzeug noch manche andere Vorzüge vor dem mit Explosionsmotoren arbeitenden voraus haben würde, nämlich ruhigeren und gleichmäßigeren Gang, da sie durch die Explosionen im Benzinmotor bedingten Stöße und Schwankungen wegfallen, ferner Vereinfachung der Bedienung und infolge davon größere Betriebssicherheit und Gefahrlosigkeit.

Auf der anderen Seite stand jedoch einer raschen Weiterentwicklung der elektrischen Fahrzeuge die wichtige Frage vorteilhafter Versorgung der Motoren mit elektrischem Strom lange Zeit hindernd im Wege. Aber auch diese Schwierigkeit kann als überwunden gelten, seit es gelungen ist, für elektrische Fahrzeuge geeignete

Akkumulatoren zu bauen. Mit einer Batterieladung läßt sich heute im Durchschnitt eine Wegstrecke von 60 bis 80 km zurücklegen. Die höchste mit elektrischen Wagen erreichbare Geschwindigkeit, bei der sich auch nach der wirtschaftlichen Seite hin vorteilhafter Fahrbetrieb durchführen läßt, beträgt etwa 30 km in der Stunde, ist also für den Stadt- und Vorortverkehr vollkommen ausreichend.

Elektrische Wagen werden natürlich mit Karrosserien in den verschiedenen Ausführungsformen, als einfache Stadtdroschken, Privatfahrzeuge in eleganter Ausstattung, Hotel-Omnibusse usw. gebaut. Die elektrischen Wagen haben sich im öffentlichen, wie im Privatgebrauch in vielen Ausführungen aufs beste bewährt und in jeder Hinsicht den Anforderungen entsprochen, die in bezug auf leichte Handhabung, stoßfreien Gang, Betriebssicherheit usw. an ein Fahrzeug gestellt werden müssen, das vornehmlich zur Benutzung in den verkehrsreichen Straßen der Großstadt und ihrer Vororte bestimmt ist. Das Verwendungsgebiet der Kraftfahrzeuge mit elektrischem Antrieb wird sich in der Hauptsache überhaupt immer auf den Verkehr innerhalb der Großstädte beschränken. Die Versorgung der Elektromotoren mit elektrischer Energie geschieht immer durch Akkumulatoren. Man ist daher darauf angewiesen, einen bestimmten Umkreis, innerhalb dessen die Ladestelle leicht erreichbar ist, nicht zu überschreiten. Da sich indessen mit elektrischen Fahrzeugen Wegstrecken von 60–80 km zurücklegen lassen, ohne daß man genötigt wäre, die Batterie neu aufzuladen oder durch eine bereits aufgeladene zu ersetzen, so ist der Aktionsradius des Fahrzeuges groß genug, um auch recht weitgehenden Ansprüchen innerhalb des Nahverkehrs zu genügen. Auf Grund der günstigen Erfahrungen, die der stets zunehmende Gebrauch ihrer elektrischen Droschken zeitigte, wurde nun auch durch die Siemens Schuckert Werke in der Abb. S. 603 abgebildete elektrische Lastwagen konstruiert. Der Wagen zeigt, wie aus der Abbildung ersichtlich, im vorderen Teil die charakteristische Form der gebräuchlichen Kraftfahrzeuge, auf dem hinteren Teil ruht der Oberbau, der entweder als offener aber auch als geschlossener Lastwagen oder als Omnibus für Personenbeförderung ausgebildet werden kann.

Akkumulator-Lastwagen.

Bild 603 Akkumulator-Lastwagen von Siemens-Schuckert [14]

Die Akkumulatorenbatterie ist unter der Haube vor dem Führersitz, also an der Stelle untergebracht, an der sich bei Benzinwagen der Motor befindet. Die Batterie besteht aus 40 Zellen und hat eine Kapazität von 244 Amperestunden bei fünfstündiger Entladung. Die Ladespannung wird durch den Verwendungszweck des Wagens bestimmt. Es sind in dieser Beziehung zwei Möglichkeiten gegeben, und zwar läßt sich die Übersetzung so einrichten, daß das Fahrzeug in welligem Terrain bis zu 20 km und auf ebenen bis zu 40 km Stundenleistung erreichen kann. In beiden Fällen beziehen sich die angegebenen Höchstleistungen natürlich auf die Fahrt im Flachlande; bei Überwindung von Steigungen geht die Geschwindigkeit entsprechend zurück.

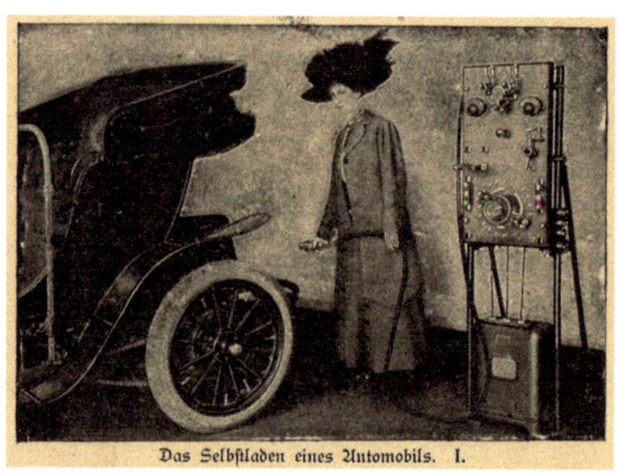

Das Selbstladen eines Automobils. I.

Ladestation mit Quecksilberdampf-Gleichrichter von AEG [15]

...

Um eine Batterie von 30 Zellen mit 19 Ampere fünf Stunden lang, oder dieselbe mit 8 Ampere zwei Stundenlang zu laden, braucht man etwa 10 Kilowattstunden. Bei einem Preis von 16 Pfg. pro Kilowattstunde würde die vollständige Ladung dieser Batterie Mark 1,60 kosten. Um eine Batterie von 24 Zellen mit 24 Ampere während 5 Stunden, und dann mit 10 Ampere zwei Stunden aufzuladen würde man ungefähr 9 ½ Kilowattstunden brauchen, was bei demselben Strompreis 1,52 Mark kosten würde.

A8 Ladesäulenverordnung

Auszug aus der Ladesäulenverordnung vom 9. März 2016 (BGBl. I S. 457), die durch Artikel 2 der Verordnung vom 2. November 2021 (BGBl. I S. 4788) geändert worden ist.

Verordnung über technische Mindestanforderungen an den sicheren und interoperablen Aufbau und Betrieb von öffentlich zugänglichen Ladepunkten für elektrisch betriebene Fahrzeuge (Ladesäulenverordnung – LSV)

Eingangsformel

Auf Grund des § 49 Absatz 4 Satz 1 Nummer 1 bis 4 des Energiewirtschaftsgesetzes vom 7. Juli 2005 (BGBl. I S. 1970, 3621), der zuletzt durch Artikel 6 Nummer 9 Buchstabe a des Gesetzes vom 21. Juli 2014 (BGBl. I S. 1066) geändert worden ist, verordnet das Bundesministerium für Wirtschaft und Energie:

§ 1 Anwendungsbereich

Diese Verordnung regelt die technischen Mindestanforderungen an den sicheren und interoperablen Aufbau und Betrieb von öffentlich zugänglichen Ladepunkten für elektrisch betriebene Fahrzeuge der Klassen N und M [...] sowie weitere Aspekte des Betriebes von Ladepunkten wie Authentifizierung, Nutzung und Bezahlung entsprechend der Umsetzungsfrist der Richtlinie 2014/94/EU des Europäischen Parlaments und des Rates vom 22. Oktober 2014 über den Aufbau der Infrastruktur für alternative Kraftstoffe (ABl. L 307 vom 28.10.2014, S. 1).

§ 2 Begriffsbestimmungen

Im Sinne dieser Verordnung ist

1. *ein elektrisch betriebenes Fahrzeug ein rein batteriebetriebenes Elektrofahrzeug oder ein von außen aufladbares Hybridelektrofahrzeug im Sinne von § 2 des Elektromobilitätsgesetzes vom 5. Juni 2015 (BGBl. I S. 898), das zuletzt durch Artikel 5 des Gesetzes vom 12. Juli 2021 (BGBl. I S. 3091) geändert worden ist;*
2. *ein Ladepunkt eine Einrichtung, an der gleichzeitig nur ein elektrisch betriebenes Fahrzeug aufgeladen oder entladen werden kann und die geeignet und bestimmt ist zum*
   a) *Aufladen von elektrisch betriebenen Fahrzeugen oder*
   b) *Auf- und Entladen von elektrisch betriebenen Fahrzeugen;*
3. *ein Normalladepunkt ein Ladepunkt, an dem Strom mit einer Ladeleistung von höchstens 22 Kilowatt an ein elektrisch betriebenes Fahrzeug übertragen werden kann;*
4. *ein Schnellladepunkt ein Ladepunkt, an dem Strom mit einer Ladeleistung von mehr als 22 Kilowatt an ein elektrisch betriebenes Fahrzeug übertragen werden kann;*

5. *ein Ladepunkt öffentlich zugänglich, wenn der zum Ladepunkt gehörende Parkplatz von einem unbestimmten oder nur nach allgemeinen Merkmalen bestimmbaren Personenkreis tatsächlich befahren werden kann, es sei denn, der Betreiber hat am Ladepunkt oder in unmittelbarer räumlicher Nähe zum Ladepunkt durch eine deutlich sichtbare Kennzeichnung oder Beschilderung die Nutzung auf einen individuell bestimmten Personenkreis beschränkt; der Personenkreis wird nicht allein dadurch bestimmt, dass die Nutzung des Ladepunktes von einer Anmeldung oder Registrierung abhängig gemacht wird;*
6. *der Aufbau eines Ladepunkts dessen Errichtung oder Umbau;*
7. *Regulierungsbehörde die Bundesnetzagentur für Elektrizität, Gas, Telekommunikation, Post und Eisenbahnen;*
8. *Betreiber, wer unter Berücksichtigung der rechtlichen, wirtschaftlichen und tatsächlichen Umstände bestimmenden Einfluss auf den Betrieb eines Ladepunkts ausübt;*
9. *punktuelles Aufladen das Laden eines elektrisch betriebenen Fahrzeugs, das nicht als Leistung im Rahmen eines Dauerschuldverhältnisses mit dem Nutzer erbracht wird.*

§ 3 Technische Sicherheit und Interoperabilität

(1) Beim Aufbau von Normalladepunkten, an denen das Wechselstromladen möglich ist, muss aus Gründen der Interoperabilität jeder Ladepunkt mindestens mit einer Steckdose oder Kupplung des Typs 2 gemäß der Norm DIN EN 62196-2, Ausgabe Dezember 2014, ausgerüstet werden.

(2) Beim Aufbau von Schnellladepunkten, an denen das Wechselstromladen möglich ist, muss aus Gründen der Interoperabilität jeder Ladepunkt mindestens mit einer Kupplung des Typs 2 gemäß der Norm DIN EN 62196-2, Ausgabe November 2017, ausgerüstet werden.

(3) Beim Aufbau Ladepunkten, an denen das Gleichstromladen möglich ist, muss aus Gründen der Interoperabilität jeder Ladepunkt mindestens mit einer Kupplung des Typs Combo 2 gemäß der Norm DIN EN 62196-3, Ausgabe Mai 2015, ausgerüstet werden.

(4) Beim Aufbau von Ladepunkten muss sichergestellt werden, dass eine standardisierte Schnittstelle vorhanden ist, mithilfe derer Autorisierungs- und Abrechnungsdaten sowie dynamische Daten zur Betriebsbereitschaft und zum Belegungsstatus übermittelt werden können.

(5) Sonstige geltende technische Anforderungen, insbesondere Anforderungen an die technische Sicherheit von Energieanlagen nach § 49 Absatz 1 des Energiewirtschaftsgesetzes vom 7. Juli 2005 (BGBl. I S. 1970, 3621), das zuletzt durch Artikel 84 des Gesetzes vom 10. August 2021 (BGBl. I S. 3436) geändert worden ist, bleiben unberührt. § 49 Absatz 2 Satz 1 Nummer 1 des Energiewirtschaftsgesetzes ist entsprechend anzuwenden.

(6) Ab der Feststellung der technischen Möglichkeit durch das Bundesamt für Sicherheit in der Informationstechnik nach § 30 des Messstellenbetriebsgesetzes vom 29. August 2016 (BGBl. I S. 2034), das zuletzt durch Artikel 10 des Gesetzes vom 16. Juli 2021 (BGBl. I S. 3026) geändert worden ist, muss bei dem Aufbau von Ladepunkten sichergestellt werden, dass energiewirtschaftlich relevante Mess- und Steuerungsvorgänge über ein Smart-

Meter-Gateway entsprechend den Anforderungen des Energiewirtschaftsgesetzes und des Messstellenbetriebsgesetzes abgewickelt werden können.

(7) Die Absätze 1 bis 3 sind nicht für kabellos und induktiv betriebene Ladepunkte anzuwenden.

(8) Die in den Absätzen 1 bis 3 genannten DIN EN-Normen sind im Beuth Verlag GmbH, Berlin, erschienen und in der Deutschen Nationalbibliothek archivmäßig gesichert hinterlegt.

§ 4 Punktuelles Aufladen

Der Betreiber eines Ladepunkts hat den Nutzern von elektrisch betriebenen Fahrzeugen das punktuelle Aufladen zu ermöglichen. Dies stellt er sicher, indem er

1. *an dem jeweiligen Ladepunkt keine Authentifizierung zur Nutzung fordert, und die Leistungserbringung, die die Stromabgabe beinhaltet, anbietet*
   a) *ohne direkte Gegenleistung, oder*
   b) *gegen Zahlung mittels Bargeld in unmittelbarer Nähe zum Ladepunkt, oder*
2. *an dem jeweiligen Ladepunkt die für den bargeldlosen Zahlungsvorgang erforderliche Authentifizierung und den Zahlungsvorgang mittels eines gängigen kartenbasierten Zahlungssystems beziehungsweise Zahlungsverfahrens in unmittelbarer Nähe zum Ladepunkt oder mittels eines gängigen webbasierten Systems ermöglicht, wobei in der Menüführung mindestens die Sprachen Deutsch und Englisch zu berücksichtigen sind und mindestens eine Variante des Zugangs zum webbasierten Zahlungssystem kostenlos ermöglicht werden muss.*

§ 5 Anzeige- und Nachweispflichten

(1) Betreiber von Ladepunkten haben der Regulierungsbehörde die Inbetriebnahme und die Außerbetriebnahme von Ladepunkten elektronisch anzuzeigen. Die Regulierungsbehörde kann Vorgaben zu Art und Weise sowie zum Umfang der Anzeige machen. Stellt die Regulierungsbehörde Formularvorlagen bereit, sind diese zu benutzen und die ausgefüllten Formularvorlagen elektronisch zu übermitteln. Die Anzeige soll erfolgen:

1. *spätestens zwei Wochen nach Inbetriebnahme von Ladepunkten oder*
2. *unverzüglich nach Außerbetriebnahme von Ladepunkten.*

(2) Betreiber von Schnellladepunkten haben der Regulierungsbehörde durch Beifügung geeigneter Unterlagen die Einhaltung der technischen Anforderungen nach § 3 Absatz 2 bis 5 nachzuweisen:

1. *bei der Inbetriebnahme von Schnellladepunkten und*
2. *auf Anforderung der Regulierungsbehörde während des Betriebs von Schnellladepunkten.*

(3) Betreiber von Schnellladepunkten, welche vor Inkrafttreten dieser Verordnung in Betrieb genommen worden sind, haben der Regulierungsbehörde den Betrieb anzuzeigen und die Einhaltung der technischen Anforderungen nach § 3 Absatz 5 durch Beifügung geeigneter Unterlagen nachzuweisen.

(4) Die Absätze 1 bis 3 sind entsprechend anzuwenden, wenn bestehende Ladepunkte öffentlich zugänglich im Sinne dieser Verordnung werden. Absatz 1 ist entsprechend beim Betreiberwechsel von Ladepunkten anzuwenden.

§ 6 Kompetenzen der Regulierungsbehörde

(1) Die Regulierungsbehörde kann die Einhaltung der technischen Anforderungen nach § 3 Absatz 1 bis 5 und der Anforderungen nach § 4 regelmäßig überprüfen.

(2) Die Regulierungsbehörde kann verlangen, dass ein Ladepunkt nachgerüstet wird, wenn eine technische Anforderung nach § 3 Absatz 1 bis 5 oder eine Anforderung nach § 4 nicht eingehalten wird.

(3) Die Regulierungsbehörde kann den Betrieb eines Ladepunkts untersagen, wenn eine technische Anforderung nach § 3 Absatz 1 bis 5 oder eine Anforderung nach § 4 nicht eingehalten wird oder die Einhaltung der Anzeige- und Nachweispflichten nach § 5 nicht nachgewiesen wird.

§ 7 Ladepunkte mit geringer Ladeleistung

Ladepunkte mit einer Ladeleistung von höchstens 3,7 Kilowatt sind von den Anforderungen der §§ 3 bis 6 ausgenommen.

§ 8 Übergangsregelung

(1) Ladepunkte, die vor dem 17. Juni 2016 in Betrieb genommen worden sind, sind von den Anforderungen nach § 3 Absatz 1 bis 4 und § 4 ausgenommen.

(2) Ladepunkte, die vor dem 14. Dezember 2017 in Betrieb genommen worden sind, sind von den Anforderungen nach § 3 Absatz 4 und § 4 ausgenommen.

(3) Ladepunkte, die vor dem 1. März 2022 in Betrieb genommen worden sind, sind von den Anforderungen nach § 3 Absatz 4 ausgenommen.

(4) Die in den Absätzen 1 bis 3 genannten Ladepunkte müssen hinsichtlich der dort genannten Anforderungen nicht nachgerüstet werden.

Schlussformel

Der Bundesrat hat zugestimmt.

A9 Masterplan Ladeinfrastruktur der Bundesregierung vom November 2019

Ziele und Maßnahmen für den Ladeinfrastrukturaufbau bis 2030 (Auszüge)

Inhalt:

A. Ziel und Motivation

Die Bundesregierung hat sich mit dem Klimaschutzplan 2050 verpflichtet, die Treibhausgasemissionen in Deutschland bis 2030 insgesamt um 55 bis 56 % gegenüber 1990 zu senken. Im Verkehrssektor soll bis 2030 eine Reduktion um 40 bis 42 % erfolgen. Für die Erreichung dieser Ziele ist die Elektrifizierung insbesondere des Straßenverkehrs unerlässlich. Für den Hochlauf der Elektromobilität wiederum bedarf es einer angemessenen, verbraucherfreundlichen und verlässlichen Ladeinfrastruktur. Damit Deutschland auch weiterhin führende Automobilnation bleibt, müssen Politik und Industrie Hand in Hand an der schnellen Verbreitung von Elektrofahrzeugen arbeiten.

Am 9. Oktober 2019 hat das Bundeskabinett das „Klimaschutzprogramm 2030" beschlossen. Darin wird festgehalten, dass die Ladeinfrastruktur Grundvoraussetzung für die Akzeptanz und die Zunahme der Elektromobilität ist. Die wesentlichen Festlegungen zum Ausbau der Ladesäuleninfrastruktur im Rahmen der verfügbaren Haushaltsmittel:

- eine Million öffentlich zugängliche Ladepunkte bis 2030 mit entsprechenden Förderprogrammen bis 2025,
- Förderung von gemeinsam genutzter privater und gewerblicher Ladeinfrastruktur,
- Schaffung guter Rahmenbedingungen, damit die Verteilnetzbetreiber in die Intelligenz und Steuerbarkeit der Netze investieren und ihr Netz vorausschauend ausbauen können,

- Einrichtung einer „Nationalen Leitstelle Ladeinfrastruktur“ für einen koordinierten Hochlauf der Ladeinfrastruktur,
- Erstellung eines Masterplans Ladeinfrastruktur im Jahr 2019.

Die Bundesregierung wird mit dem Masterplan gemeinsam mit der Industrie und mit Beteiligung von Ländern und Kommunen den Aufbau der Ladeinfrastruktur massiv verstärken. In den nächsten zwei Jahren sollen 50000 öffentlich zugängliche Ladepunkte errichtet werden. Die Automobilwirtschaft wird bis 2022 mindestens 15000 zusätzliche öffentliche Ladepunkte beisteuern. Die Energiewirtschaft hat ebenfalls weitere Anstrengungen angekündigt und wird noch in 2019 mit den zuständigen Ministern zusammenkommen. Die Standorte der Ladepunkte werden mit der Bundesregierung koordiniert.

Gemeinsam mit Kommunen und Ländern sowie mit der Automobilindustrie und der Energiewirtschaft wird die Bundesregierung das Maßnahmenbündel für die öffentlich zugängliche und die nicht-öffentlich zugängliche Ladeinfrastruktur für PKW und Nutzfahrzeuge entschieden umsetzen. Dieses setzt sich zusammen aus:

- gesetzgeberischen Maßnahmen zur Verbesserung rechtlicher Rahmenbedingungen, die bis Ende 2020 umgesetzt sein sollen,
- monetären Maßnahmen zur Förderung/Finanzierung von Ladeinfrastruktur,
- strategischen und koordinierenden Maßnahmen für einen flächendeckenden Aufbau, die die engagierte Mitarbeit aller beteiligten Akteure notwendig machen,
- Beiträgen der Wirtschaft, v. a. im Hinblick auf die Bereitstellung von notwendigen Informationen für den passgenauen Aufbau von Ladeinfrastruktur und im Hinblick auf das verbraucherfreundliche Laden.

Ein beschleunigter Hochlauf der Elektromobilität wird nur dann gelingen, wenn die Maßnahmen unmittelbar begonnen und als ineinandergreifende Kette begriffen werden. Innerhalb der Bundesregierung wird das Bundesministerium für Verkehr und digitale Infrastruktur (BMVI) die Umsetzung des Masterplans koordinieren und begleiten. Dabei ist entscheidend, dass der Verbraucher im Mittelpunkt der Umsetzung der Maßnahmen steht. Er entscheidet, ob die vorhandene Ladeinfrastruktur ausreicht und seinen Anforderungen und Bedürfnissen genügt. Nur bei entsprechender Akzeptanz der Nutzer wird die Elektromobilität ein Erfolg.

Für die koordinierte Umsetzung aller Maßnahmen wird das BMVI noch im Jahr 2019 die „Nationale Leitstelle Ladeinfrastruktur“ einrichten, die sicherstellt, dass die erforderliche flächendeckende Ladeinfrastruktur verlässlich aufgebaut und betrieben wird. Kernaufgaben der Leitstelle beinhalten insbesondere die Bedarfsberechnung, Planung und Koordinierung eines deutschlandweiten Schnellladenetzes. Die Leitstelle soll die entsprechenden Bundes- und Landesaktivitäten koordinieren und die Kommunen bei der Planung und Umsetzung des Ladeinfrastrukturaufbaus unterstützen. Die Automobilindustrie und die Energiewirtschaft werden die Leitstelle aktiv unterstützen, beispielsweise über die kontinuierliche Mitarbeit in einem Beirat. Die Nationale Leitstelle soll zunächst bis 2025 eingerichtet und im Rahmen der Evaluierung des Masterplans Ladeinfrastruktur erstmals im Jahr 2022 überprüft werden.

Damit der Aufbau der Ladeinfrastruktur in den kommenden Jahren bedarfsgerecht erfolgt, Fehlentwicklungen vermieden und Hemmnisse frühzeitig identifiziert werden können, soll der Masterplan in einem 3-Jahres-Rhythmus evaluiert und nachjustiert werden, erstmals im Jahr 2021.

[...]

C. Maßnahmen für den Aufbau von öffentlich zugänglicher Ladeinfrastruktur

I. Maßnahmen zur Verbesserung rechtlicher Rahmenbedingungen

Nach wie vor gibt es zahlreiche rechtliche Hürden, die den Aufbau von Ladeinfrastruktur erschweren. Ziel der Bundesregierung ist es, bis Ende 2020 den gesetzlichen Rahmen zu schaffen, mit dem die rechtlichen Hemmnisse beseitigt werden, um so den Ausbau der Ladeinfrastruktur zeitnah zu beschleunigen, und so die Attraktivität und Kaufbereitschaft für Elektrofahrzeuge zu steigern. Eine wichtige Grundlage dieser Maßnahmen bildet das „Sofortpaket Ladeinfrastruktur 2019“ der Nationalen Plattform Zukunft der Mobilität (NPM).

1. Überarbeitung der Ladesäulenverordnung (LSV)
   Das BMWi wird bis zum Sommer 2020 einen Entwurf der überarbeiteten LSV vorlegen. Darin soll aufgenommen werden, dass beim Aufbau von öffentlichen Ladepunkten aus Gründen der Interoperabilität sicherzustellen ist, dass eine Schnittstelle vorhanden ist, die genutzt werden kann, um Standortinformationen und dynamische Daten wie den Belegungsstatus zu übermitteln. Die Bundesregierung strebt an, Authentifizierung, Bezahlsysteme und Roaming besser im Sinne des Verbrauchers zu regeln. Dabei muss das europaweite Laden mitgedacht werden, um einheitliche europäische Bezahlsysteme zu ermöglichen.
2. Vereinfachung des Abrechnungsverfahrens der EEG-Umlage
   Das BMWi wird in der nächsten geplanten EEG-Novelle 2020 die bestehenden Regelungen modifizieren und Rechtsunsicherheiten bei der Abrechnung und der Zahlung der EEG-Umlage beseitigen.

3. Vorausschauender Ausbau der Netze
   Das BMWi wird gemeinsam mit der Bundesnetzagentur (BNetzA) und den Netzbetreiben bis zum März 2020 einen Vorschlag erarbeiten, wie die Netzbetreiber die Netze auch über den aktuellen Energiebedarf hinaus vorausschauend ausbauen können, so dass das Verteilernetz die anvisierte Zahl der E-Fahrzeuge zukünftig qualitativ hochwertig versorgen kann.
4. Errichtung von Ladeinfrastruktur durch Verteilernetzbetreiber
   Das BMWi wird im Rahmen der Umsetzung des EU-Pakets „Saubere Energie für alle Europäer" einen Regelungsvorschlag vorlegen, wie in geeigneten, vom Europarecht vorgesehenen Ausnahmefällen von regionalem Marktversagen den Verteilernetzbetreiben ermöglicht wird, öffentlich zugängliche Ladeinfrastruktur zu errichten.
5. Ladeinfrastruktur an Tankstellen
   Durch eine Versorgungsauflage soll geregelt werden, dass an allen Tankstellen in Deutschland auch Ladepunkte angeboten werden. Dabei wird insbesondere sichergestellt, dass für die individuell Betroffenen keine unzumutbaren, weil unverhältnismäßige finanziellen Belastungen entstehen und wo nötig einzelfallbezogene Übergangsregelungen sowie Ausnahme- und Befreiungsvorschriften geschaffen werden.
6. Schnellladesäulen als Dekarbonisierungsmaßnahmen
   Das BMU wird schnellstmöglich prüfen, ob die Errichtung von Schnellladesäulen als Dekarbonisierungsmaßnahmen der Mineralölwirtschaft behandelt werden können.
7. Stellplatzverordnungen
   Die Kommunen werden aufgefordert, zu prüfen, ob ihre Stellplatzverordnungen dahingehend überarbeitet werden können, dass die einzuhaltende Anzahl an Stellplätzen geringer ist, wenn Stellplätze mit Ladeinfrastruktur geschaffen werden.
8. Ladeinfrastruktur im Baurecht
   Die Länder werden gebeten zu prüfen, ob Ergänzungen oder Änderungen in den bauordnungsrechtlichen Bestimmungen bzgl. Ladeinfrastruktur-förderlicher Vorgaben sowie diesbezüglichen Brandschutzregelungen möglich und sinnvoll sind. Das Bundesministerium des Inneren, für Bau und Heimat wird prüfen, inwiefern Gesetzesänderungen im Bundesrecht den Aufbau von Ladeinfrastruktur erleichtern und fördern können.

Die Kommunen werden gebeten zu prüfen, wie die Genehmigungsprozesse für neue Ladeinfrastruktur und dementsprechenden Netzausbau beschleunigt werden können.

II. Maßnahmen zur Finanzierung des Aufbaus öffentlicher Ladepunkte

In den nächsten zwei Jahren sollen 50000 öffentlich zugängliche Ladepunkte errichtet werden. Die Automobilwirtschaft wird bis 2022 mindestens 15000 zusätzliche öffentliche Ladepunkte beisteuern. Die Energiewirtschaft hat ebenfalls weitere Anstrengungen angekündigt. Die Standorte der Ladepunkte werden mit der Bundesregierung koordiniert.

Die Automobilindustrie wird über den bereits geplanten Aufbau an Schnellladeinfrastruktur entlang der Bundesautobahnen zusätzliche Standorte auch an Bundesfernstraßen und weiteren geeigneten Ein- und Ausfallstraßen im städtischen Umfeld (z. B. Lade-Hubs) ermöglichen. Dabei wird angestrebt, weitere Akteure der Energie- und Mineralölwirtschaft einzubinden.

Das BMVI-Förderprogramm hat für die Phase der Marktinitiierung entscheidende Impulse für den Aufbau eines öffentlich zugänglichen Ladeinfrastrukturnetzes gesetzt. Dennoch verläuft der Aufbau langsamer als erwartet und erhofft.

Dieses Förderprogramm wird bis Ende 2020 fortgeführt und in den Folgejahren administrativ abgearbeitet (letzte Bewilligungen, Verwendungsnachweisprüfungen etc.). Bis März 2020 wird das BMVI mindestens noch einen Förderaufruf für Ladeinfrastruktur auf Kundenparkplätzen veröffentlichen, mit einer Zugänglichkeit von mindestens 12 Stunden an Werktagen (Montag bis Samstag) und für Ladeinfrastruktur an Tankstellen.

Gleichzeitig wird das BMVI bis Ende 2019 ein Konzept vorlegen, wie die Finanzierung und Organisation eines verlässlichen, schnellen und großvolumigen Ladeinfrastrukturaufbaus bis 2025 ausgestaltet werden soll. Erstes Ziel soll die Errichtung von 1000 Schnellladestandorten sein.

Für Bewohner von mehrgeschossigen Wohnquartieren mangelt es in vielen Fällen an privaten Ladepunkten und die Fahrzeuge müssen in der Regel im öffentlichen Straßenraum geparkt werden. Hier gestaltet sich eine Versorgung mit Ladeinfrastruktur besonders schwierig. Daher plant das BMVI im Rahmen der verfügbaren Haushaltsmittel einen Wettbewerb „Modellquartier Ladeinfrastruktur“, in dem bundesweit in ausgewählten Quartieren nach Lösungsansätzen gesucht wird, wie bei einer zunehmend wachsenden Zahl von E-Fahrzeugen die Ladeinfrastruktur geplant mitwachsen kann und welche technischen Ansätze und sonstigen Regelungen erfolgversprechend sind.

III. Koordinierende Maßnahmen

1. StandortTOOL des BMVI als gemeinsame Planungsgrundlage bis 2030

   Im September 2019 hat das BMVI die Webseite des StandortTOOL veröffentlicht. Die öffentlich verfügbare Version zeigt den zusätzlichen Ladebedarf für die Jahre 2022 und 2030. Das Planungswerkzeug StandortTOOL dient dem BMVI, aber auch Kommunen, Ladesäulenbetreiber und Investoren, als Planungsgrundlage u.a. für den bedarfsgerechten Ausbau von öffentlich zugänglicher Ladeinfrastruktur insbesondere in der Fläche bis in das Jahr 2030. Das TOOL fokussiert sich zunächst auf den Pkw-Verkehr, kann aber perspektivisch auch den Nutzfahrzeugbereich abdecken und Synergien zwischen den verschiedenen Anwendungen identifizieren. Das Standort-TOOL analysiert den Status Quo, die Entwicklung der nächsten Jahre sowie die Zielsetzungen der Bundesregierung. Die Ermittlung des künftigen Bedarfs erfolgt auf Basis von Verkehrsströmen, sozioökonomischer Daten sowie Nutzer- und Raumstrukturen.

   Die Automobilindustrie wird ihre Erkenntnisse in Bezug auf den Markthochlauf von E-Fahrzeugen insbesondere hinsichtlich potentieller E-Fahrzeugkäufer z. B. auf der Basis verbindlicher Bestellungen unter Beachtung von datenschutz-, wettbewerbs- und kartellrechtlichen Vorgaben übermitteln. Mit entsprechenden geografischen, technischen und zeitlichen Daten wird eine vorausschauende Planung sichergestellt.

   Das StandortTOOL wird auch den Bundesländern mit einem eigenen Zugang zur Verfügung stehen. Die Länder können die über ihre eigenen Förderprogramme bewilligten Ladepunkte melden und in das StandortTOOL laden.

   In einer regelmäßig tagenden Bund-Länder Gruppe mit Beteiligung der kommunalen Spitzenverbände werden die Funktionalitäten des StandortTOOL stetig weiterentwickelt.

2. Monitoring der errichteten Ladeinfrastruktur

   Die NOW GmbH sammelt weiterhin Daten über die Datenbank OBELIS („Online-Plattform für die Berichterstattung aller geförderten Ladestationen des Bundesförderprogramms Ladeinfrastruktur") zur Nutzung und Auslastung der Ladeinfrastruktur. So können Engpässe erkannt und weitere Ladeinfrastruktur geplant und errichtet werden. Die Bundesländer werden gebeten, künftig auch Daten aus eigenen Förderprogrammen an OBELIS zu übermitteln, so dass diese mit ausgewertet werden können. Die Auswertungen sollen auch durch die Länder genutzt werden können. Die ausgewerteten Daten und Erkenntnisse aus OBELIS sollen dann im StandortTOOL Berücksichtigung finden.

3. Flächenatlas

   Die Bundesregierung wird bis Ende 2020 geeignete eigene Liegenschaften für den Aufbau von Ladeinfrastruktur identifizieren. Die Länder und Kommunen werden gebeten, ebenfalls entsprechende Flächen zu identifizieren und an das BMVI zu übermitteln. Das BMVI wird einen Flächenatlas zur Ladeinfrastruktur erstellen.

   Auch Unternehmen werden aufgefordert, sich bei der Vervollständigung des Flächenatlasses zu beteiligen und Flächen zu benennen, die sie – entgeltlich oder unentgeltlich – für den Aufbau von Ladeinfrastruktur zu Verfügung stellen könnten.

   Diese Flächen können dann in das StandortTOOL einfließen und bei der weiteren Planung besonders berücksichtigt werden.

4. Ladeinfrastruktur für die Langstreckenmobilität

   Das BMVI legt bis Ende 2020 Kriterien fest, ob und in welchem Umfang an bewirtschafteten und unbewirtschafteten Rastanlagen an Bundesautobahnen zusätzlich Ladeinfrastruktur erforderlich ist. Die bewirtschafteten Rastanlagen sollen, sofern technisch und rechtlich möglich, bis 2022 jeweils mindestens 4 Ladepunkte mit mindestens 150 kW Leistung vorhalten. Für jede der auszurüstenden Rastanlage muss ein Ausbauplan erstellt werden, so dass frühzeitig der entsprechende Netzanschluss verlegt und der notwendige Zubau an Ladepunkten bei steigender BEV-Zahl vorausgeplant werden kann. Das BMVI prüft zusätzlich, inwieweit an diesen Rastanlagen Ladestationen mit mindestens 350 kW, die die speziellen Anforderungen von schweren Nutzfahrzeugen erfüllen, errichtet werden können. Die jeweils zuständigen Verteilnetzbetreiber sind frühzeitig in diese Prozesse einzubeziehen.

5. Ladeinfrastruktur auf öffentlichen Parkplätzen

   Der Einzelhandel und die Kommunen werden aufgefordert, Möglichkeiten zu schaffen, die Ladeinfrastruktur auf Kundenparkplätzen und kommunalen Liegenschaften nachts für Anwohner ohne eigenen Parkplatz zu Verfügung zu stellen.

6. Anwendungshilfe für Verteilernetzbetreiber zur Netzintegration der Elektromobilität

   Die Energiewirtschaft wird bis Ende 2019 eine Anwendungshilfe für Verteilernetzbetreiber zur Netzintegration der Elektromobilität erarbeiten, u. a. mit

   - Empfehlungen zu dem beschleunigten und standardisierten Genehmigungsprozess und den Genehmigungsanforderungen

- Umsetzungsfragen (zweiter Netzanschluss, Baukostenzuschüsse)
- Beratung von Ladeinfrastruktur-Investoren hinsichtlich der Netzanschlusskosten

IV. Strategische Maßnahmen

1. Verbraucherbedürfnisse/Nutzerfreundlichkeit in den Mittelpunkt stellen

   Folgende Anforderungen beim Ladevorgang müssen zukünftig erfüllt werden:

   - Standortfindung und Belegungsstatus: die Ladesäule ist für den Verbraucher problemlos aufzufinden und er kann sich vorab über deren Belegungsstatus informieren.
   - Der Verbraucher muss nicht über Gebühr auf einen freien Ladepunkt warten und dieser ist nicht durch falsch parkende Fahrzeuge behindert.
   - Authentifizierung, Freischaltung, Bezahlung und Abrechnung der Ladestation kann national und europaweit ohne Probleme erfolgen und die gängigen Zahlungsmöglichkeiten können genutzt werden.
   - Die Preisgestaltung ist für den Verbraucher transparent und nachvollziehbar.
   - Der Ladepunkt muss durchgängig funktionieren. Bei Problemen/Defekten wird umgehend Abhilfe geschaffen (z. B. durch eine Hotline).

   Die Energiewirtschaft stellt einen solchen verbraucherfreundlichen Betrieb der Ladeinfrastruktur durch Anpassungen von Rahmenbedingungen sicher. Sie wird dafür unter Einbeziehung der NPM im Jahr 2020 entsprechende Leitfäden für die Betreiber von Ladeinfrastruktur erstellen. Die Bundesregierung wird im zweiten Halbjahr 2021 entscheiden, ob darüber hinaus ordnungsrechtliche Maßnahmen ergriffen werden müssen, um den Verbraucherbedürfnissen gerecht zu werden. Die Kommunen werden aufgefordert, die Anordnungsmöglichkeiten der Straßenverkehrs-Ordnung konsequent umzusetzen, so dass Fahrzeuge, die widerrechtlich vor einer Ladesäule parken, umgehend entfernt werden können und Bußgelder so angeordnet werden, dass eine abschreckende Wirkung damit verbunden ist. Zudem ist eine rechtssichere Beschilderung sicherzustellen.

2. Informationen durch die Automobilindustrie

   Für die Planung des zukünftigen möglichst passgenauen Aufbaus von Ladeinfrastruktur sowohl durch die Bundesregierung als auch durch Investoren und Netzbetreiber, werden Informationen von den Automobilherstellern benötigt. Dazu gehören die erwarteten Neuzulassungen, die zukünftige Batteriegrößen, die Ladeleistung der BEVs und PHEVs und deren Verhältnis zueinander.

Die letzten Jahre haben gezeigt, dass die technischen Entwicklungen sowohl bei den E-Fahrzeugen als auch bei der Ladeinfrastruktur rasant voranschreiten. Dies führt dazu, dass sich die Art der Ladeinfrastruktur und das Verhältnis Fahrzeug zu Ladeinfrastruktur kontinuierlich verändern. Zwar ist zunächst ein flächen- und streckendeckender Grundbedarf entscheidend. Darüber hinaus muss der Bedarf an Ladeinfrastruktur jedoch regelmäßig ermittelt und geplant werden. Dafür hat das BMVI über die NOW GmbH die Studie „Ladeinfrastruktur nach 2025–2030: Szenarien für den Markthochlauf" in Auftrag gegeben. Die Ergebnisse sollen im 1. Quartal 2020 vorliegen.

Die Automobilindustrie wird die notwendigen Daten für diese Studie soweit datenschutz-, wettbewerbs- und kartellrechtlich möglich bereitstellen.

3. Ladebedarfe bestimmter Nutzergruppen und Flotten

   Die Begleitforschung der NOW GmbH wird auch künftig unter Einbeziehung der Länder und Kommunen die Ladebedarfe verschiedener Nutzergruppen, insbesondere Fahrzeugflotten, Mobilitätsdienstleister, Nutzfahrzeuge bis hin zum Schwerlastverkehr, Taxen und innerstädtischen Lieferverkehren ermitteln.

4. Know-how der Entscheidungsträger aufbauen

   Die Leitstelle Ladeinfrastruktur unterstützt regionale Veranstaltungen der Länder bei aktiven Förderaufrufen der Förderrichtlinie Ladeinfrastruktur. Sie führt regelmäßig Dialoge und Workshops mit Stakeholdern und kommunalen Entscheidern durch. Die Leitstelle erstellt zur Unterstützung entsprechende Publikationen.

5. Elektromobilitätsmanager

   Für einen koordinierten und effektiven Aufbau von Ladeinfrastruktur in Kommunen kann ein sog. Elektromobilitätsmanager von großem Nutzen sein. Er soll den Kommunen Unterstützung und Hilfe beim Aufbau von Ladeinfrastruktur anbieten. So kann das Wissen hinsichtlich Genehmigungsprozessen und Technik gebündelt werden; der Manager kann die Weiterleitung von einschlägigen Informationen und Handreichungen zwischen Bund, Ländern und Kommunen übernehmen. Gesteckte Ziele können so leichter erreicht und Fehlinvestitionen verringert werden. Die Bundesländer werden gebeten, den Bedarf an EM-Managern (Anzahl insgesamt, Verwaltung, z. B. Bezirksregierungen) bis April 2020 zu skizzieren und entsprechende Stellen zu schaffen. Das BMVI bietet an, über die Leitstelle die Ausbildung der Manager als Multiplikatoren durch entsprechende Wissensvermittlung zu übernehmen. Die Verbände der Energiewirtschaft werden die Leitstelle darin unterstützen.

6. Intensivierung der europäischen Zusammenarbeit

   Nur wenn der Verbraucher in allen EU-Mitgliedstaaten ohne Aufwand laden kann, wird er auch für längere Stecken ein Elektrofahrzeug nutzen. Daher ist die Zusammenarbeit mit den Nachbarländern sehr wichtig und muss in den entsprechenden Gremien der EU intensiviert werden. Mit Blick auf die EU-Richtlinie über den Aufbau der Infrastruktur für alternative Kraftstoffe (AFID) muss Deutschland jetzt seine Vorschläge zur Interoperabilität mit Blick auf die anstehende Novelle formulieren, mit dem Ziel, den grenzüberschreitenden Verkehr in den Mittelpunkt zu stellen.

   Daher werden das BMVI und das BMWi gemeinsam mit den relevanten Beteiligten bis Februar 2020 einen Forderungskatalog für die neue AFID erstellen.

7. Forschung und Entwicklung

   Die Bundesregierung fördert im Rahmen der verfügbaren Haushaltsmittel weiterhin die Forschung und Entwicklung u. a. im Bereich des automatisierten und bidirektionalen Ladens, digitaler Services sowie des induktiven Ladens. Die Ergebnisse aus den F&E-Projekten der Ressorts sollen bei der Förderung durch das BMVI berücksichtigt werden.

D. Maßnahmen für den Aufbau von nicht-öffentlich zugänglicher Ladeinfrastruktur

I. Maßnahmen zur Verbesserung rechtlicher Rahmenbedingungen für den Aufbau von nicht-öffentlich zugänglicher Ladeinfrastruktur

Ein klarer rechtlicher Rahmen ist gerade auch für Investoren im nichtöffentlichen Bereich besonders wichtig. Einige der bereits unter C I. genannten Maßnahmen betreffen auch die nicht-öffentliche Ladeinfrastruktur und werden hier nicht erneut genannt.

1. Miet- und WEG-Recht

   Um den Aufbau von Ladeinfrastruktur in Mehrfamilienhäusern (Mietshäuser und Wohnungseigentumsgemeinschaften) zu vereinfachen, wird das Bundesministerium der Justiz und für Verbraucherschutz noch im Jahr 2019 einen Gesetzesentwurf vorlegen, mit dem das Miet- und Wohnungseigentumsrecht überarbeitet wird. Wichtig ist, dass der Mieter vom Vermieter die Erlaubnis zum Einbau von Ladeinfrastruktur verlangen kann und nur eingeschränkte Weigerungsrechte des Vermieters bestehen. Änderungen am Wohnungseigentumsgesetz sollen bewirken, dass dem Wohnungseigentümer ein Anspruch auf Einbau einer Ladeeinrichtung eingeräumt wird, gegen den sich die übrigen Wohnungseigentümer nur unter engen Voraussetzungen verwehren können sollen. Die Umsetzung soll bis Ende 2020 erfolgen.

2. Leitungs- und Ladeinfrastruktur in Gebäuden
Die novellierte EU-Gebäuderichtlinie 2018/844 sieht Regelungen zum Aufbau einer Leitungs- und Ladeinfrastruktur für die Elektromobilität bei Neubau bzw. größerer Renovierung von Gebäuden mit mehr als zehn Stellplätzen vor. Gebäude werden damit zu einem wichtigen Baustein, um die Schaffung einer ausreichenden Ladeinfrastruktur zu beschleunigen. Hierzu ist in erfassten Wohngebäuden künftig jeder Stellplatz, in Nichtwohngebäuden jeder fünfte Stellplatz mit Schutzrohren für Ladekabel auszustatten. Zusätzlich ist in Nichtwohngebäuden mindestens ein Ladepunkt zu errichten. Bereits jetzt werden zudem die Anforderungen für eine Mindestanzahl von Ladepunkten für alle Nichtwohngebäude mit mehr als zwanzig Stellplätzen ab 2025 festgelegt.
Das BMWi und das BMI beabsichtigen, die Umsetzung durch Bundesgesetz bis zum Frühjahr 2020 abzuschließen.
3. Steuerrechtliche Vorschriften
Das Gesetz zur weiteren steuerlichen Förderung der Elektromobilität und zur Änderung weiterer steuerlicher Vorschriften befindet sich derzeit im parlamentarischen Verfahren und soll zum 1. Januar 2020 in Kraft treten. Neben zahlreichen anderen Gesetzesänderungen sieht das Gesetz die Verlängerung der Steuerbefreiung bis 2030 für vom Arbeitgeber gewährte Vorteile für das elektrische Aufladen eines E-Fahrzeuges im Betrieb des Arbeitgebers und für die zeitweise zur privaten Nutzung überlassene betriebliche Ladevorrichtung vor.
4. Pauschalen für das Aufladen eines Dienstwagens
Das Bundesministerium der Finanzen (BMF)wird zeitnah prüfen, ob die derzeit geltenden Pauschalen ab dem Kalenderjahr 2021 angepasst werden müssen. Daneben soll eine Regelung geprüft werden, wie die Abrechnung der tatsächlich entstandenen Kosten/Auslagen erfolgen kann.
5. Aufbau Ladeinfrastruktur in Behörden
Das BMF wird bis zum Sommer 2020 prüfen, wie Bau und Betrieb von Ladeinfrastruktur zur dienstlichen oder privaten Nutzung in der öffentlichen Verwaltung unbürokratisch umgesetzt werden kann.
6. AfA-Tabelle nach § 7 Abs. 1 Einkommenssteuergesetz
Das BMF wird prüfen, inwieweit einheitliche Kriterien für die Festlegung der betriebsgewöhnlichen Nutzungsdauer für Ladeinfrastruktur anzulegen sind und ggf. die AfA-Tabelle dahingehend ergänzen. Das BMF wird im Anschluss eine ermessenskonkretisierende Handreichung an die Steuerverwaltungen der Länder zur Vereinheitlichung der Verwaltungspraxis in Bezug auf ein gemeinsames Verständnis zur zeitlichen Straffung der „betriebsgewöhnlichen Nutzung“ herausgeben.

7. Beschleunigter Netzanschluss
   In § 19 Niederspannungsanschlussverordnung (NAV) wurde im Frühjahr 2019 eine Ergänzung eingefügt. Ob diese zu unnötigen Verzögerungen beim Aufbau von Ladeinfrastruktur führen könnte, kann mangels praktischer Erfahrungen noch nicht beurteilt werden. Eine Evaluierung dahingehend, wie ein beschleunigter Netzanschluss umgesetzt werden könnte, soll im Jahr 2021 stattfinden.
8. Rechtlicher Rahmen für netzdienliches Laden/Lastmanagement gemäß § 14a Energiewirtschaftsgesetz (EnWG)
   Um zu verhindern, dass eine stark steigende Zahl an Ladevorgängen insbesondere im privaten Bereich lokale Netzabschnitte überlastet, muss die Flexibilität der Elektromobilität genutzt werden, indem den Netzbetreibern ein Flexibilitätsmanagement ermöglicht wird. Das BMWi hat Diskussionspunkte für eine Weiterentwicklung des Rechtsrahmens auf Basis von § 14a EnWG erstellt, die in einem offenen Stakeholder-Prozess diskutiert werden. Einen Entwurf für eine eventuell erforderliche Rechtssetzung wird das BMWi im Laufe des Jahres 2020 vorlegen.

II. Maßnahmen zur Finanzierung und Koordinierung des Aufbaus nicht-öffentlicher Ladepunkte

Für zahlreiche (potenzielle) Nutzer spielt die Nutzung einer Ladesäule oder Wallbox im privaten Bereich eine wichtige Rolle. Noch stärker gilt dies für den gewerblichen Bereich, denn hier erfolgen etwa zwei Drittel aller Fahrzeug-Neuzulassungen. Dabei stellt eine gute Ausstattung von Ladeinfrastruktur in privaten Garagen und Carports, beim Arbeitgeber und auf Flottenparkplätzen einen wichtigen Hebel für die Kaufentscheidung dar. Die Förderung soll dabei je nach Adressatengruppe ausgestaltet sein und folgende Punkte berücksichtigen:

- Private Nutzer in Einfamilienhäusern für die gemeinschaftliche Nutzung einer Wallbox,
- Private Nutzer in Mehrfamilienhäusern,
- Immobiliengesellschaften,
- Flottenbetreiber (Arbeitgeber mit Dienstwagen, Unternehmen wie Zustell- und Lieferbetriebe, Pflegedienste, Carsharing etc.).
- Die Ladeinfrastruktur kann für PKW als auch Nutzfahrzeuge vorgesehen werden.
- Die geförderte Ladeinfrastruktur muss intelligent sein, d. h., mindestens die Steuerbarkeit muss für Netzbetreiber und Marktteilnehmer möglich sein.

- Gefördert werden sowohl die Ladeeinrichtung/Wallbox als auch die Installationskosten (Handwerker- und Sachkosten).
- Gefördert werden auch vorlaufende technische und bauliche Maßnahmen, so insbesondere die Ertüchtigung des Hausanschlusses. Das BMWi, die BNetzA und die NPM-AG 5 werden einen Vorschlag erarbeiten, wie die Ertüchtigung des Hausanschlusses bei Mehrfamilienhäusern umgesetzt werden kann.
- Die Förderanforderungen sollen möglichst einfach und unbürokratisch sein. Das BMVI wird ein Förderprogramm für private Ladeinfrastruktur veröffentlichen, hierfür stehen 2020 bis zu 50 Mio. EUR zur Verfügung. Der Entwurf des Förderprogrammes wird den Ländern zur Stellungnahme vor Veröffentlichung übersandt. Bund und Länder stimmen sich hinsichtlich der Fördervoraussetzungen ab, soweit dies machbar ist. Der Bundesverband der Energie- und Wasserwirtschaft (BDEW) und der Verband der Automobilindustrie (VDA) werden aufgefordert, bis März 2020 einen Leitfaden für Mitarbeiter- und Flottenladen zu erarbeiten.

Die Unternehmen der Automobilindustrie und der Energiewirtschaft werden den Ausbau in intelligente, nicht-öffentliche Ladeinfrastruktur z. B. auf Betriebsgeländen und bei Beschäftigten vorantreiben. Sie prüfen dabei die Möglichkeit, entsprechende Ladepunkte öffentlich zugänglich zu machen. Die entsprechenden Daten werden an die Nationale Leitstelle übermittelt.

Die Automobilindustrie strebt die Errichtung von 100 000 Ladepunkten auf ihren Betriebsgeländen und dem angeschlossenen Handel bis 2030 an. Zusätzlich unterstützt sie ihre Kunden bei der Installation von Wallboxen, um so die Verfügbarkeit privater Ladepunkte weiter zu erhöhen.

E. Maßnahmen für den Aufbau von Ladeinfrastruktur für LKWs

Mit dem Klimaschutzprogramm 2030 hat die Bundesregierung als Ziel festgelegt, dass bis 2030 etwa ein Drittel der Fahrleistung im schweren Straßengüterverkehr elektrisch oder auf Basis strombasierter Kraftstoffe sein wird. Um die hierfür notwendige Tank- und Ladeinfrastruktur bedarfsgerecht bereitzustellen, wurde die Erstellung entsprechender Konzepte für die Lademöglichkeiten für Batterie-LKW, Oberleitungen für LKW sowie für Wasserstoff-Tankstellen beschlossen. Die Bundesregierung wird bis zum Sommer 2020 das Konzept für die Lademöglichkeiten für Batterie-Lkw auf Basis eines ersten Hochlaufszenarios für E-LKWs erstellen. Auf dieser Grundlage wird dann ein Förderprogramm für den Aufbau von Ladeinfrastruktur für LKW ausgearbeitet. Dieses soll Ende 2020 veröffentlicht werden.

Insbesondere werden auch folgende Themen im Bereich der Maßnahmen für den Aufbau von Ladeinfrastruktur für LKWs berücksichtigt:

- Internationale Zusammenarbeit und Standardisierung von ultraschneller Nutzfahrzeugladeinfrastruktur, zum Beispiel Schaffung einer grenzüberschreitenden Nutzfahrzeugladeinfrastruktur (> 150 kW) einschließlich Vorgaben zum EU-Roaming.
- Flankierend wird schnellstmöglich mit der Planung von Fernverkehrs-Teststrecken für die praktische Erprobung des Hochleistungsladens von LKW begonnen.
- Schaffung von zweckgebundenen Ladesäulen für leichte Nutzfahrzeuge im innerstädtischen Bereich und auf Betriebsgeländen, d. h. für Handwerkerfahrzeuge und Fahrzeuge der Kurier-, Express- und Paketdienstleister sollten Ladesäulen und mit entsprechenden Parkplätzen für die im Vergleich zum Pkw größeren leichten Nutzfahrzeuge geschaffen werden.

A10 Quellenverzeichnis

[1] BAFA, Liste der förderfähigen Elektrofahrzeuge, Stand: 09.03.2022

[2] SHZ vom 5.9.2017, Schleswig-Holsteinischer-Zeitungsverlag

[3] www.hamburg.de vom 14.10.2020

[4] Berliner Morgenpost vom 11.09.2020

[5] Electrive.net vom 15.10.2020

[6] www.elektroauto-news.net vom 23.04.2019

[7] Electric Vehicle Outlook 2020, BloombergNEF. Aus: www.elektroauto-news.net vom 05.06.2020

[8] Auszüge aus „Förderung von elektrisch betriebenen Fahrzeugen" Merkblatt für Anträge nach der Richtlinie zur Förderung des Absatzes von elektrisch betriebenen Fahrzeugen", www.bafa.de vom 25.10.2020

[9] www.bafa.de vom 25.10.2020 (Originaltext)

[10] Focus vom 31.08.2018

[11] Werte des Statistischen Bundesamtes gemittelt und verschiedene Stromvergleichsrechner

[12] SHZ vom 18.11.2017, Schleswig Holsteinischer Zeitungsverlag

[13] *Rulemann, Theodor*: Wunder der Elektrizität. Berlin: Merkur Verlag, 1912

[14] a. a. O.

[15] a. a. O.

Stichwortverzeichnis

VDE
VERLAG
Technik. Wissen. Weiterwissen.
DIN VDE 0100
Normen
Geschichte der Elektrotechnik 27
Zeiten der Elektromobilität
Beiträge zur Geschichte des elektrischen Automobils
NUR FÜR ELEKTRO-FAHRZEUGE
Technikwissen im Wandel der Zeit:
Elektromobilität im Wandel der Zeit!
Das neue Fachbuch stellt die Geschichte der Elektromobilität umfassend dar und gibt einen Überblick über die Entwicklung der Traktionsbatterien von den Anfängen bis heute. Dabei wurden technologische, ökonomische und politische Faktoren berücksichtigt.
2018. 193 Seiten
34,– € (Buch/E-Book)
47,60 € (Kombi)
Preisänderungen und Irrtümer vorbehalten. Sowohl das E-Book als auch das Kombiangebot (Buch + E-Book) sind ausschließlich auf www.vde-verlag.de erhältlich.
Bestellen Sie jetzt: (030) 34 80 01-222 oder www.vde-verlag.de/buecher/504430
Werb-Nr. 210168